马代风光 【手动模式 光圈：F6.3 快门：1/640s ISO：100 焦距：24mm】

夏日时光 【手动模式 光圈: F4.0 快门: 1/80s ISO: 160 焦距: 17mm】

凝视的眼神　【P 程序模式　光圈：F5.0　快门：1/40s　ISO：100　焦距：65mm】

可口佳肴 【手动模式 光圈: F2.8 快门: 1/200s ISO: 400 焦距: 48mm】

彩灯世界 【手动模式　光圈：F10.0　快门：2s　ISO：100　焦距：22mm】

跳跃的水珠　【手动模式　光圈：F5.6　快门：1/200s　ISO：100　焦距：55mm】

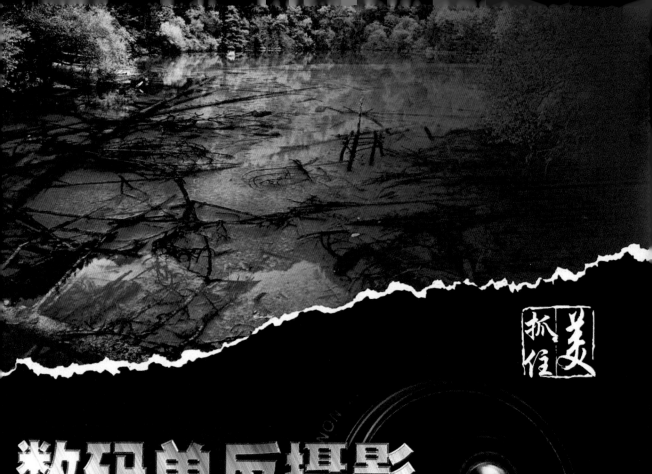

抓住美

数码单反摄影
从入门到精通 精华版

iPhoto摄影工作室 编著

机械工业出版社
CHINA MACHINE PRESS

摄影既是对光影艺术的诠释，也是对造型艺术的解读。出版本书的目的在于帮助摄影爱好者提高摄影技巧。通过阅读本书，大家可以从最基础开始对摄影有所了解，进而熟悉各类常用的摄影术语，掌握拍摄中不同参数的设置，了解在相同场景下如何创作不同的画面意境。本书通过众多精彩实例由浅入深地讲解了数码相机的功能、构图的运用、光线和色彩对画面的影响，以及创作不同门类摄影题材作品的方法和技巧。通过分析不同类型照片的创作规律，相应从画面中提炼出值得借鉴的元素，从而汇总相应的实战技法和注意事项。

本书适合各类摄影爱好者阅读，对初学者的技术提高尤其有帮助。

图书在版编目（CIP）数据

数码单反摄影从入门到精通 / iPhoto 摄影工作室编著.—北京：机械工业出版社，2011.7

ISBN 978-7-111-35001-9

Ⅰ. ①数… Ⅱ. ①i… Ⅲ. ①数字照相机：单镜头反光照相机－摄影技术 Ⅳ. ①TB86②J41

中国版本图书馆 CIP 数据核字（2011）第 108417 号

机械工业出版社（北京市百万庄大街 22 号　邮政编码 100037）
策划编辑：丁　伦
责任编辑：丁　伦
责任印制：乔　宇
北京汇林印务有限公司印刷
2011 年 10 月第 1 版 · 第 1 次印刷
184mm×260mm · 22.5 印张 · 546 千字
0001－5000 册
标准书号：ISBN 978-7-111-35001-9
　　　　　ISBN 978-7-89433-084-0（光盘）
定价：89.90 元（含 1CD）

凡购本书，如有缺页、倒页、脱页，由本社发行部调换
电话服务　　　　　　　　　　　网络服务
社 服 务 中心：（010）88361066
销 售 一 部：（010）68326294　　门户网：http://www.cmpbook.com
销 售 二 部：（010）88379649　　教材网：http://www.cmpedu.com
读者购书热线：（010）88379203　　封面无防伪标均为盗版

前 言

Foreword

摄影既是对光影艺术的诠释，也是对造型艺术的解读。它是一种创作艺术作品的手段，所创作的作品能给观者带来美的享受。至于拍摄出的画面是否为一幅艺术品，这些都要由实践本身来决定。每一张好的照片，都是拍摄者运用技术和艺术综合劳动的结晶。

要想创作出精彩的画面，并不是单纯地对着景物按下快门即可，这里需要将所有的韵律、节奏、形式都融入其中。在本书中对数码单反相机由浅入深地进行了详细讲解，让拍摄者能够熟知自己相机的各个功能，将它们很好地运用起来，从而更轻松地获取理想画面。

在了解相机功能后，还需要一双慧眼，巧妙地运用构图进行创作。构图的目的就是为了让画面具有更强的影响力，从而打动观者的内心。实际上，不同的构图，常常是不同的拍摄者在不同的时间对同一对象所构成的画面中唯一的差异，在熟练掌握构图能力后，便能快速地对某一景物做出拍摄判断，使其脱颖而出。而有些拍摄者会尝试运用异常的构图方法，过度地寻求夸张的画面效果，这样的结果使这类拍摄者无法上升到摄影技术的高级阶段，而仅仅成为俯拍或仰拍的俘虏。

有了光，画面就有了色彩。光线通常称为摄影中的画笔，这支画笔产生的效果是轻是重，都可以通过光线的选择来实现。光线是摄影必不可少的先决条件，影响着画面的气氛和情感的传达。要拍摄一张打动人心的照片，构图和光线起着至关重要的作用。

本书在介绍摄影拍摄技巧理论的同时，还结合不同题材对象的拍摄方法和技巧，展示了在实际拍摄中如何有效地运用构图和光线来展现被摄对象等综合应用知识。

本书从最为基础的部分讲起，逐渐深入，对那些有着强烈的拍摄欲望又苦于无从下手的拍摄者来说，可以更加随心所欲地拍摄精彩的画面，从而尽快找到拍摄的感觉，不再被相机牵着走，而是牵着相机走！

参与本书编写的人员有张金羽、张江、杨欣、杨婉莉、刘琼、刘辉、严爽、李江、朱淑容、伍梁琴、李杰臣、牟嘉敏、张明、陈杰、林强。由于时间仓促，作者水平有限，书中难免有不足和疏漏之处，恳请广大读者批评指正。

iPhoto 摄影工作室

目 录
Contents

Contents

Contents

第6章　实现更多的创意拍摄

第7章　利用镜头与滤镜实现
更多拍摄效果

Contents

Contents

第10章 熟悉色彩对画面的影响

第4部分

更充分的拍摄准备

第11章 数码单反相机常用附件 产品的功能与清洁保养

Contents

第5部分

获取更多的实战拍摄经验

第12章 风光摄影

Contents

Contents

第16章 夜景摄影

第17章 植物摄影

Contents

第18章　动物摄影

第6部分

后期的修饰

第19章　学会处理RAW格式照片

Contents

第20章　数码照片的后期
修饰与美化

初识数码单反相机 1

面对数码时代琳琅满目的摄影器材，众多的消费型数码相机、数码单反相机，可能很多初学者会对数码相机的选择不知如何下手，而更多使用数码相机的拍摄者可能已经意识到拍一些简单的纪念照，已经不能满足当前审美的需要了。

而选择使用数码单反相机（以下简称数码单反）进行拍摄完全可以解决当前的拍摄需求。至于为什么这样说，在接下来的章节中，对数码单反相机的优势、魅力，其内部结构、成像原理，以及一些对相机的基本操作、设置有了一定之后，读者一定会豁然开朗。

第 1 章 选择数码单反相机的理由

第 2 章 数码单反相机的基础入门知识

第 3 章 数码单反相机的基础操作

第1章 选择数码单反相机的理由

夕阳西沉之后，天空多变的色彩稍纵即逝……并不是我们随便按下快门都能获得如此精彩的画面，摄影人手中的武器——相机，在选择上是需要首先斟酌的。当前越来越多的人舍弃轻便的卡片机，而选择使用机身、镜头并重的数码单反相机并不是没有原因的……

黄昏剪影【光圈优先模式 光圈：F8.0 快门：1/125s ISO：200 焦距：35mm】

数码单反相机优于消费型数码相机之处

数码单反相机的优势何在，如果拥有了消费型数码相机还有必要再选择一部数码单反相机吗？这可能是很多拍摄者在刚刚接触数码摄影时曾有过的疑惑。但大家是否还记得当面临许多生活中的珍贵场景、旅途中的绝美景致、野生动物的瞬间动作，却发现在拍摄时，所使用的相机无法随心所欲进行记录，从而产生的这种令人遗憾不已的感受。

那么，我们完全有必要将普通的拍摄器材换成真正的拍摄利器。下面就让我们来看看数码单反相机种种优于消费型数码相机之处。

1.1.1 更大的感光元件

我们可以从右图中看到，消费型数码相机与数码单反相机在感光元件大小上的差异还是很大的。那么较大的感光元件的优势又何在呢？其实更大尺寸的感光元件使得每个像素之间的干扰大为降低，从而为成像质量提供了更有力的保障。并且画幅越大，像素密度越小，再加上数码单反相机内部程序算法更先进,因此成像效果自然更好。

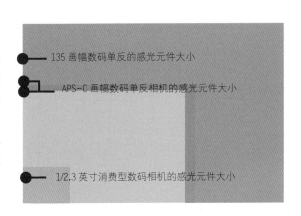

135 画幅数码单反的感光元件大小

APS-C 画幅数码单反相机的感光元件大小

1/2.3 英寸消费型数码相机的感光元件大小

小感光元件消费型数码相机成像【程序模式
光圈：F8.0　快门：1/125s　ISO：100　焦距：50mm】

大感光元件数码单反相机成像 【光圈优先模式
光圈：F8.0　快门：1/100s　ISO：100　焦距：50mm】

不用把照片放大到 10 寸，通过上面两图，就能在图像细节的呈现，以及生动的色彩还原等方面看出消费型数码相机与数码单反相机的差距。

1.1.2　取景清楚，便于掌控拍摄状况

光学取景器所看到的影像是在经过反光镜反射到五棱镜后，最直接的光学影像，因而不会受到环境的影响，只要人的眼睛能看到就能正常取景。而 LCD 液晶屏则需经过相机中的数模信号转换后才能得到影像，并且在太阳下、昏暗处，很可能看不清楚 LCD 液晶屏上的画面，因而在一定的视角范围内不能正常观测被摄体，就会错过许多精彩画面。

使用光学取景器取景，正是数码单反相机的一大特色，虽然数码单反相机也可以通过 LCD 液晶屏取景进行实时取景，但至少会比只使用 LCD 液晶屏的消费型数码相机多了一种选择。

✍ 使用 LCD 液晶屏取景的消费型数码相机

✍ 使用光学取景器取景的数码单反相机

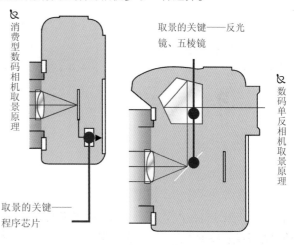

消费型数码相机取景原理

取景的关键——程序芯片

取景的关键——反光镜、五棱镜

数码单反相机取景原理

✍ 在部分消费型数码相机上的简易光学取景器

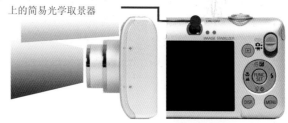

其实消费型数码相机上的简易光学取景器的取景与镜头并没有什么关系

下表将 LCD 屏幕与光学取景之间的差异进行了对比。

比较内容	LCD 屏幕	光学取景器
取景限制	强光下可能看不清屏幕；弱光场景不易辨认细节	不受环境影响，只要眼睛能看清就能取景
反应速度	场景变化不能立即呈现，存在一定的时滞现象	即时呈现场景的变化，便于掌控释放快门的时机
画面细致度	只能根据液晶屏的实际像素而定，光影和色彩都可能存在误差	与场景光影、色彩保持一致，并能及时观测曝光量的提示

提示

虽然在部分消费型数码相机上，也设计了简易光学取景器，但这时拍摄者通过取景器取景所观测到的被摄体的信息，并不是来自镜头的，而是一个独立的取景体系。即使利用它进行取景还是会与所拍摄的照片有很大的差异，因而这种光学取景器并不实用。

1.1.3　更快、更准的对焦系统

目前市面上的数码单反相机和消费型数码相机在对焦原理上是一样的，但是在精准度上却存在很大的差异。数码单反相机不仅对大多场景可以进行自动对焦，而且在一些特殊场合还可以使用手动对焦。

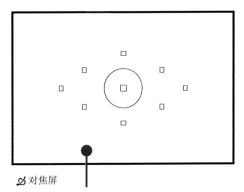

对焦屏

便于拍摄者更好地取景拍摄

自动对焦单元

接受来自被摄体的信息

大部分数码相机的对焦原理差别不大，但数码单反相机的对焦系统并不像消费型数码相机那么简单，其中包含了自动对焦感应器、自动对焦单元，以及磨砂对焦屏，其上的对焦点可以很好地帮助我们针对被摄体进行对焦拍摄。

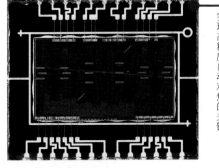

自动对焦感应器

实现高精度自动对焦的关键

对于右图中高速飞行的鸟类而言，使用数码单反相机中可靠的对焦系统可以提高成功的机率。以上场景若换成消费型数码相机拍摄，则很可能没完成对焦就已经错过了难得的瞬间。

精准的对焦【快门优先模式　光圈：F6.3　快门：1/1250s　ISO：320　焦距：200mm】

1.1.4　更优异的连拍速度

　　数码单反相机可在瞬间完成高精度对焦，清晰捕捉精彩瞬间，在保证高分辨率的同时，实现高速连拍，特别是高端的数码单反相机，可达每秒 8 张的连拍速度，最大连拍数量达 90 多张，并能在文件存储的过程中，仍然进行拍摄，以确保拍到稍纵即逝的精彩画面。

　　消费型数码相机不但连拍速度慢，而且在连拍过程中 LCD 屏幕可能会出现瞬间变黑的现象，导致无法掌握瞬息万变的现场。并且在进行一组连拍之后，可能还会需要等待一定的图像存储时间才能继续拍摄，这显然就失去了连拍的意义。

消费型数码相机可能在进行了上一秒一组连拍之后，由于相机存储的等待间隔时间，而不能顺利进行下一秒的拍摄了

数码单反相机有强劲的连拍能力，在进行了上一秒的连拍之后，仍然可以继续下一秒的连拍。这样瞬间精彩的画面就不至于被遗失了

连续动作【快门优先模式　光圈：F4.0　快门：1/640s　ISO：200　焦距：175mm】

1.1.5　更大的动态范围

　　动态范围，即感光元件能够记录光线从明到暗的范围。也正是由于数码单反相机具有比消费型数码相机更大的感光元件，使其在动态范围上有更好的表现。特别是在明暗反差较大的场景，几乎可以一眼分辨出两者之间的差异。

更大的动态范围 【光圈优先模式　光圈：F13.0　快门：1/1000s　ISO：200　焦距：17mm】

　　数码单反相机自身的宽容度随着数码技术的不断提升而得到不错的表现。即使没有开启相机中的高动态优化功能，同样可以获得比消费型数码相机更多的画面灰阶层次。

由于过曝而失去亮部细节，仅保留了暗部细节

因为欠曝而失去暗部细节，仅保留了亮部细节

　　不论是失去亮部细节还是暗部细节，都是由于消费型数码相机宽容度不足所造成，这是经常会在画面中出现的问题

1.1.6　更多的可换镜头选择

数码单反具有庞大的镜头群，因而可以提供更多的可换镜头供拍摄者选择。这样就能使我们感受不同镜头带来的视角变化。常常在照片上看到的色散、像差、像场弯曲、畸变修正、暗角和眩光，几乎都和镜头有关系，因而就有"升级镜头比升级机身更有必要"的说法。

普通数码相机几乎都是一机一镜的固定搭配，自然在镜头、机身组合上难有变化，相应的诸多弊端均会在画面中体现，因而成像质量大打折扣。

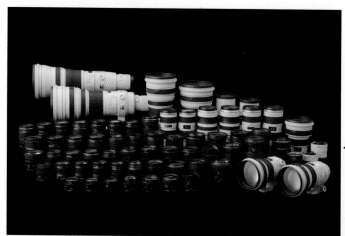

在庞大的镜头群支持下的数码单反成像系统，可依照不同的拍摄情况，更换合适的镜头。如果换成消费型数码相机就只能根据镜头本身的焦段来选择拍摄题材了。

✍ 丰富的镜头群
除了常见标准镜头、套头之外，从广角到长焦的众多焦距，以及微距、鱼眼、折返等特殊镜头应有尽有

✍ 消费型数码相机的镜头成像

✍ 数码单反相机的镜头成像

从这组照片及截图中不难看出，消费型数码相机比数码单反相机在成像上出现了更多的紫边等问题，这主要是由于镜头导致的画面差异

1.1.7　更强大的噪点抑制能力

　　由于感光元件的特性，在照片上可能会出现噪点，因而数码相机中都会设计了抑制噪点的降噪功能。不过在高感低噪的表现上，消费型数码相机与数码单反相机还是有很大差异的，我们可以从下面的照片截图中找到它们之间的差别。

被抑制住的噪点

【手动模式　光圈：F16.0　快门：1.6s　ISO：800　焦距：24mm】

数码单反相机，在ISO800下的表现

消费型数码相机，在ISO800下的表现

数码单反相机，在ISO1600下的表现

消费型数码相机，在ISO1600下的表现

数码单反相机，在ISO3200下的表现

消费型数码相机，在ISO3200下的表现

提示　对于降噪功能更强劲的数码单反相机来说，在ISO800，甚至是ISO1600的情况下噪点都不会太过影响画面的效果，较消费型数码相机会显得画面干净得多，并且相机本身的ISO感光度选择范围也更大。而消费型数码相机在噪点的抑制方面则不是很理想，特别是在ISO1600，特别是ISO3200以上时，即使不用将照片放大也可能会出现很严重的噪点导致画面不够细致，甚至原本被摄体的色彩也会受到影响。

1.1.8 更长时间的 B 门曝光

普通数码相机能设置为几秒或十几秒的曝光时间，而数码单反相机除了能够直接设置为 30 秒的曝光时间外，还能将曝光时间设置为任拍摄者决定时长的 B 门曝光。

曝光时间不足 【焰火模式　光圈：F8.0
快门：1/2s ISO：200 焦距：28mm】

消费型数码相机，即使有方便的焰火模式，也可能因为曝光时间太短而不能拍到满意的焰火照片。

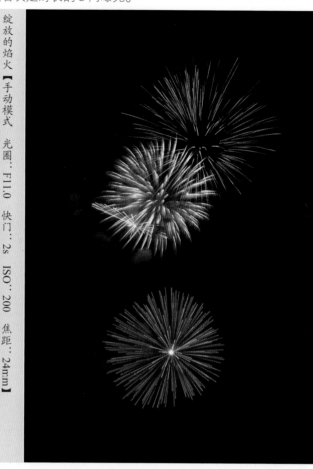

绽放的焰火 【手动模式　光圈：F11.0　快门：2s　ISO：200　焦距：24mm】

而在数码单反相机下，使用 B 门曝光，拍摄者采用按下快门开始曝光，松开快门结束曝光的自由曝光形式，可以更好地控制曝光时间，以便获得创意的画面效果。

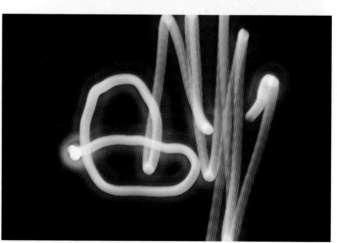

奇妙的光线轨迹 【手动模式
光圈：F25.0　快门：5s　ISO：100
焦距：24mm】

1.1.9　更大的光圈、更高的快门值

消费型数码相机所表现的背景虚化程度是有限的，它无法像数码单反相机那样，通过选择更大的光圈来使背景变得更模糊，从而突显主体。同时，其快门值也没有数码单反相机那么高，在呈现高速运动的瞬间时可能也显得有些不足。

消费型数码相机的背景虚化【人像模式　光圈：F3.5
快门：1/800s　ISO：200　焦距：50mm】

数码单反相机的背景虚化【光圈优先模式　光圈：F2.8
快门：1/125s　ISO：100　焦距：105mm】

从上面两张照片中可以看出，镜头光圈最大值更高的数码单反相机，会获得比消费型数码相机更虚化的背景来突出主体。

在捕捉激荡的水花时，使用1/4000s甚至更高速的快门，轻松获得凝固的画面效果，而消费型数码相机很可能由于快门值不够高，出现模糊的画面效果。

高速凝固的瞬间【快门优先模式　光圈：F8.0　快门：1/4000s　ISO：400　焦距：70mm】

1.1.10　更强大的手动设置功能

强大的手动设置功能，不仅体现在数码单反相机通过旋转镜头变焦、调焦等外部调整手段，而且还体现在数码单反相机与消费型数码相机在曝光系统上的较大差别，以及众多的外部快速设置按钮等，这些都为拍摄提供了更多便利的手动设置。

消费型数码相机的曝光程序主要采用自动曝光或程序自动曝光，也就是说针对众多场景的拍摄都是由相机内部程序自定的。而数码单反相机大多具有程序自动曝光、光圈优先、快门优先，以及手动曝光等多种曝光模式，拍摄者可通过相机上众多的调节按钮做更多的设置，以弥补相机自身程序的不足，从而使得画面的曝光可以更加精准。

众多便于参数调整的机身按钮

液晶显示屏

即使是入门型数码单反相机，也有设置参数的机背液晶监视器，甚至很多中高端数码单反相机还有肩部的液晶屏显示屏可快速进行参数调整

1.1.11　更多的存储格式选择

通常消费型数码相机仅有一种图像存储格式，即 JPEG，但单一的存储格式无法满足不同的应用要求。而数码单反相机除了具备基本的图像存储格式 JPEG，还有便于后期编辑的 RAW 格式。部分数码单反相机还支持 TIFF 格式。

以上介绍的这些格式都有什么优势呢？下面我们就来对这些格式进行简单介绍。

JPEG：一种可以提供优质图像质量的文件压缩格式，可能会损失部分图像数据，但兼容性好，所占空间较小。

TIFF：一种非失真的压缩格式，能保持原有的色彩和层次，同样具有较好的兼容性，但图像所占空间较大。

RAW：一种未经处理和压缩的格式，被视为"数码底片"，便于后期对图像进行编辑，但其兼容性差，只能在专业软件中打开，所占空间适中。

在 Capture NX 2 中打开的 Nikon RAW 格式图像

1.1.12　更丰富的外接闪光灯补光

　　大部分数码单反相机除了可以使用内置闪光灯外，还可以使用外接闪光灯更好地为被摄体进行补光。而消费型数码相机大多只能使用内置闪光灯照亮被摄体。

✍ 消费型数码相机的内置闪光只能为被
　摄体正面补光

✍ 数码单反相机的内置闪光灯也只能为
　被摄体正面补光，不过闪光强度较消
　费型数码相机大一些

✍ 数码单反相机的外接闪光灯较所有内
　置闪光灯闪光强度变得更大了。其不
　仅可以安装在相机上使用，而且还可
　以被安排在不同的地方进行闪光

直接拍摄【手动模式　光圈：F1.8
快门：1/100s　ISO：200　焦距：50mm】

闪光补光　【手动模式　光圈：F1.8　快门：1/100s　ISO：200　焦距：50mm】

　　将外接闪光灯安排到所需的地方进行补光，使画面变得更明亮了。

数码单反相机带来的摄影魅力

摄影既是对光影艺术的诠释，也是对造型艺术的解读。随着科技的进步与发展，利用数码单反相机完全能够获取高质量的画面，从而激发人们对摄影的创作欲望。使用数码单反相机进行拍摄，不仅能够体验到摄影的乐趣，还能在作品中展现卓越的精彩影像。

1.2.1 呈现动人的风景

神秘的自然界赐予了人类无限美好的风光，如同孩子眼中的童话的世界。"阳光"复苏了生命的绿叶，"水"使得生命源泉得以延伸。不能让美丽的瞬间从我们眼中消失，拿起相机享受着快门动听的音律，留住那动人的风景吧。

使用数码单反相机拍摄能够使用镜头的广角端纳入更多的景物，从而更好地表现动人的画面

　　上图中的风光景色来说，选取镜头的广角端拍摄，能够纳入更为宽广的景象，同时选取小光圈能保证画面远近的景物细节均十分清晰地展现在照片中。

动人风景【手动模式　光圈: F8.0
快门: 1/800s　ISO: 200　焦距: 17mm】

1.2.2 刻画丰富的人物

　　运用数码单反相机对人物进行拍摄，更能展现丰富的细节内容，比如结合大光圈虚化背景，可以让人物主体显得更加突出。同时数码单反相机更容易对光影进行描绘，利用环境、服饰对人物进行衬托，能使人物在镜头前显得更加真实，将人物更多的细节刻画出来。

　　光线照射的方向性使人物面部形成了明暗阴影，这种明暗对比能够更好地塑造人物面部轮廓，使人物显得更生动

　　左图中的少女穿着小礼服，通过结合室内的环境，从而展现少女活泼阳光的一面。拍摄时将相机的光圈设置为F4，并提高快门速度到1/250s。进行这些设置主要为了避免窗外光亮太强造成的画面曝光过度情况，从而能够更好地强调主体的主导地位，更深刻地将人物特征描绘出来。

阳光少女 【手动模式　光圈: 4.0　快门: 1/250s　ISO: 200　焦距: 35mm】

1.2.3 走进微观的世界

微观世界充满了无尽的诱惑力，人类的好奇心总会引导我们去追寻或探寻一些不易被人发现的东西。这些平常不易见到的微小景物，常常会成为拍摄微观世界的主题。将光圈设定为全开，这样背景就被虚化为整个色块，只有主体清晰地展现在观者眼前。

下图使用 105mm 的微距镜头拍摄停留在绿叶上的蜜蜂。使用 105mm 的微距镜头可以将远处的蜜蜂拉近放大来展现细节，此处的背景被虚化为色块使得蜜蜂显得更为突出，它歪着脑袋的样子似乎正在好奇地看着我们。

微观世界 【手动模式　光圈：11.0　快门：1/100s　ISO：200　焦距：105mm】

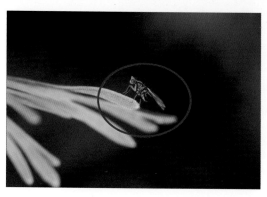

⛹ 将光圈全部开放，背景被虚化为统一的色块，可衬托出主体的形态和色彩

⛹ 数码单反相机具有较高的快门速度设置，能够清晰地捕捉昆虫的瞬间动作

⛹ 将焦点置于蜜蜂身上后，由于前面的绿叶不在同一焦面上，因此会得到不同程度的虚化

1.2.4　记录夜色的魅力

五颜六色、灯火通明的夜景总是给人不一样的视觉感受。拍摄者旋转手中的相机通过不同的拍摄方式可以使拍摄出的夜景画面更具独特的魅力。借助数码单反相机更大的感光元件,不仅可以更轻松、更容易地拍摄清晰建筑、迷人街景,还可以表现闪烁的星空或五彩的火焰。

左图使用数码单反相机表现神圣的教堂。数码单反相机拥有着更大的感光元件,在夜间从事拍摄活动时,可以通过设置较高的感光值获取更为清晰的夜景画面。此处所展示的灯光闪烁的教堂看起来更加辉煌,从而将夜色魅力更充分地表现出来了。

魅力夜色 【光圈优先模式　光圈: 4.0　快门: 1/100s　ISO: 800　焦距: 28mm】

1.2.5 呈现真实的生态

动植物作为随处可见的拍摄对象，被拍摄成了许多优秀的摄影作品。数码单反相机不仅能够使用较大的光圈来突出主体，还能够利用可控的高速快门，将那些运动中景物的瞬间动作清晰地捕捉下来。

☑ 竖画幅取景更容易将松鼠下树的姿态表现出来

左图中可爱的松鼠从树上穿梭而下，拍摄者使用长焦镜头将远处的松鼠拉近拍摄，从而展现了松鼠的更多细节特征。这里需要手动设置较高的快门速度，才能够保证高速运动的松鼠在画面中的清晰度，从而将松鼠运动时的姿态完美捕捉下来。

真实生态【程序模式 光圈：10.0 快门：1/320s ISO：400 焦距：115mm】

1.2.6 创作具有诱惑力的商品照片

很多时候大家会尝试拍一些商品画面，对于拍摄商品而言，要考虑的因素更多，比如色彩搭配、背景选择、灯光效果等，所做的一切均为了更好地吸引买主。这个时候同样需要选择一个合适的数码单反相机，通过手动设置功能去调整画面中的每一个细节，这样才能创作出更精彩出色、具有诱惑力的商品照片。

✎ 在手机的右下方引用了人造光的照射，将画面的上半部分照亮，借助明暗对比突出手机屏幕的效果。而独特的背景具有很好的透视效果，让画面更具意境

左图选择了 F2.8 的大光圈，从而保证画面具备充足的曝光量，结合人工补光突出手机屏幕细节。同时被照亮的背景画面显得十分唯美，具有很好的透视效果，与手机相呼应，共同创造出一个具有诱惑力的商品画面。

时尚手机【手动模式　光圈：2.8　快门：1/25s　ISO：100　焦距：50mm】

第2章 数码单反相机的基础入门知识

拂晓时分天色渐亮，厚厚的云层让光线显得更加柔和。

随着数码单反相机不断革新，画面的宽容度、解析度都得到了很好的提升，那么为了利用数码单反相机进行拍摄，了解相关的基础知识是我们即将迈开的第一步……

拂晓时分【光圈优先模式　光圈：F8.0　快门：1/500s ISO：100　焦距：17mm】

2.1 解析数码单反相机

为了能够熟练使用数码单反相机进行拍摄，首先就需要对数码单反相机的成像原理有一定了解。在这基础上，还需要掌握数码单反相机的内部结构和外部的功能按钮及作用。

2.1.1 数码单反相机的成像原理

数码单反相机的工作原理是在数码单反相机工作系统中，光线透过镜头到达反光镜后，折射到上面的对焦屏并形成图像，透过目镜和五棱镜，我们可以在取景器中看到外面的被摄体。在拍摄时，按下快门按钮，反光镜便会向上弹起，感光元件前的快门幕帘也同时打开，透过镜头的光线便投影到感光原件上感光，然后反光镜便立即恢复原状，取景器中便可以再次看到外面的被摄体。

数码单反相机成像原理及作用部件

五棱镜
将原本上下颠倒，左右相反的影像，变成与实际影像一致的光学装置

五面镜

取景器

感光元件

快门机构

对焦感应器

光圈

光路

镜头组

反光镜
将光线反射到五棱镜上

数码单反相机的这种构造，确定了它是完全透过镜头对焦拍摄的，能使取景器中看到的图像和照片保持一致，取景范围和实际拍摄范围几乎一样，十分有利于直观地取景构图。

为了便于理解，下面对取景及成像的部分分开进行分析，我们便可以更好地了解数码单反相机的成像原理了。

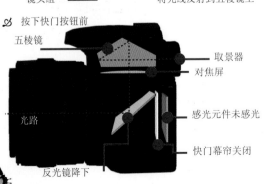

按下快门按钮前

五棱镜

取景器

对焦屏

感光元件未感光

快门幕帘关闭

光路

反光镜降下

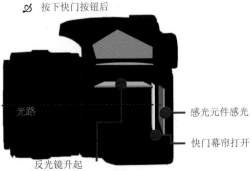

按下快门按钮后

感光元件感光

快门幕帘打开

光路

反光镜升起

2.1.2 数码单反相机的内部结构

数码单反相机的内部结构包含了很多部件，但这里主要针对感光元件及图像处理芯片这两大核心部件进行讲解。

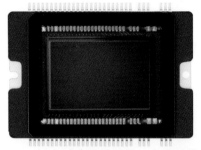

1. 感光元件

感光元件和传统的胶片一样，是数码成像的根本，是负责记录影像的重要组件。与胶片最大的差异是感光元件将光线转换成电信号，最终保留到存储卡中；而胶片则是通过光线引起胶片上的银盐及染料成色剂发生化学反应，对亮度和色彩进行记录。

（1）感光元件不是一个简单的感光机构

主流的数码单反相机的感光元件实际上包含了两个部分，一个是低通滤镜，另一个才是图像感测体。

✍ 感光元件看似只能简单接受外界的光线

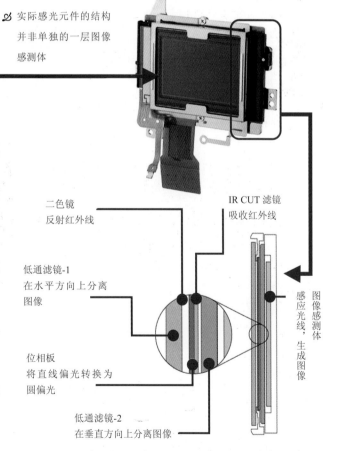

✍ 实际感光元件的结构并非单独的一层图像感测体

二色镜
反射红外线

IR CUT 滤镜
吸收红外线

低通滤镜-1
在水平方向上分离图像

位相板
将直线偏光转换为圆偏光

低通滤镜-2
在垂直方向上分离图像

图像感测体
感应光线，生成图像

从右侧的图示中已经可以看出，低通滤镜的作用是只让图像需要的波长的光通过，而除去其余干扰光线。如它可以滤除自然光中的红外线，以及排列规则的纹理时，出现的摩尔纹和实际不存在的颜色，甚至还具有转换偏振光等作用。

通常低通滤镜被安装在数码单反相机感光元件图像感测体前面，同时也起到了保护感光元件核心机构的任务，并且很多相机的感光元件除尘功能都是通过振动低通滤镜来实现的。

（2）两大感光元件的工作原理

对于数码单反相机而言，感光元件的主要类型无非就是 CCD 和 CMOS 两大类。由于从它们的外观上不太容易区分，因而下面就让我们分别对 CCD 和 CMOS 的工作原理进行了解。

① CCD（电荷耦合元件）

在 CCD 上每个像素的电荷全部转移到输出端，由一个放大器进行电压转变，形成电子信号，然后被读取。传输电荷时，是从不同的垂直寄存器中传到水平寄存器中的，在此过程中会有不同电压的电荷，因而会产生更大的功耗。这里形成的信号通过一个放大器进行放大，产生的噪点较少。

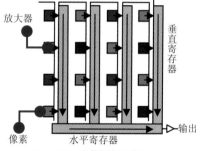

CCD（电荷耦合元件）

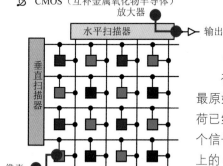

CMOS（互补金属氧化物半导体）

② CMOS（互补金属氧化物半导体）

在 CMOS 上每个像素点都有一个放大器，而且信号直接在最原始的时候进行转换，更方便进行读取。由于其所传输的电荷已经过电压转换，因此电压更低，功耗也更低。也正由于每个信号都有一个放大器，所产生的噪点也会较多，但目前市面上的 CMOS 在噪点问题上已经得到了很好的改善。

提示

在众多数码单反相机中非主流的适马所生产的数码单反相机使用的感光元件别具特色，它采用具有三层感应器的 Foveon X3 CMOS，分别将光线中的 R/G/B 三色光 100%记录，使得图像的色彩还原性更加真实。

2. 图像处理芯片

图像处理芯片，又称图像处理器，即将 CCD 或 CMOS 等感光元件产生的数字信息转换为图像文件的芯片。它解析从感光元件上得到的数据并进行各种图像处理，将根据拍摄者设置的图像精度、品质及照片风格等数据转化为图像文件，并将图像文件存储在存储卡中。

目前市面上佳能相机的图像处理器为其第 4 代产品 DIGIC4

因为图像处理器的性能和画质密切相关，所以各个公司都用能够体现本公司产品性能的技术来为其芯片命名。如佳能的芯片称为 DIGIC、索尼的称为 BIONZ、宾得的称为 PRIME、奥林巴斯的称为 TruePic，而尼康将包括图像处理器在内的图像处理技术总称为 EXPEED。

提示

在胶片时代，照片的风格除了跟胶片有关外还会取决于镜头。而到了数码时代，照片的风格特征很大程度上就取决于相机中的图像处理器了。

2.1.3 数码单反相机的外观构成

在了解了数码单反相机的成像原理及内部结构之后，拍摄者需要对数码单反相机的外观构成进行了解，即对其机身按钮及其功能进行了解，以便今后在拍摄中更好地应用手中的拍摄利器，拍出漂亮的照片。下面以佳能 EOS 7D 为例进行了解。

✍ 正面

快门按钮
半按对焦，完全按下才会释放快门

EF 镜头安装标志
便于安装 EF-S 以外的镜头

EF-S 镜头安装标志
便于安装 EF-S 镜头

麦克风
为了在短片拍摄时更好地收录声音

镜头释放按钮
便于锁紧及更换镜头使用

减轻红眼/自拍指示灯
开启闪光防红眼功能，以及自拍模式下使用

景深预视按钮
便于通过取景器预览画面景深

遥控感应器
使用遥控器拍摄时便于机身接收遥控信号

镜头卡口
安装镜头的位置

✍ 背面

取景器
便于我们拍摄取景构图

实时显示拍摄/短片拍摄开关
便于快速开启实时显示及短片拍摄模式

自动曝光锁/缩小按钮
便于锁定当前曝光量，以及以缩略图方式浏览照片

扬声器
用于回放短片时听取声音

自动对焦选择/放大按钮
开启自动对焦点的选择，以及放大回放照片

各种选项按钮
便于拍摄者快速进入菜单，以便快速进行参数设置及回放、删除照片等功能

设置按钮
确定参数设置

液晶监视器
便于查看照片、实时显示及短片的拍摄

速控转盘
通过转动转盘，迅速调节相机参数设置

速控转盘开关
控制速控转盘使用

✍ 底面

✍ 左侧面

外接麦克风输入端子
连接外接麦克风，便于录制立体声声音

闪光灯弹出按钮
在 P/Tv/Av/M 等模式下控制内置闪光灯的使用

机身编号
正品行货的机身编号都可以通过官方网站或是售后电话进行查询确认

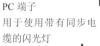

扩充系统端子
用于连接无线文件传输器 WFT-E5A/B/C/D

三脚架接孔
用于将相机固定在三脚架上

PC 端子
用于使用带有同步电缆的闪光灯

遥控端子
连接快门线

HDMI OUT 端子
连接高清电视观看拍摄短片

音频、视频输出/数码端子
连接非高清电视观看短片；连接电脑或是打印机

✍ 右侧面

电池仓盖
保护电池意外弹出

电池仓盖释放杆
便于拆卸电池仓盖，安装电池手柄

快速调节按钮
与肩屏组合使用，针对对焦模式及ISO 感光度等常用参数。起到快速调整参数的目的

屈光度调节旋钮
让取景器中自动对焦点显得更加清晰

液晶显示屏
便于快速了解及调整快门、光圈等参数设置的显示屏，部分数码单反相机才具有

闪光灯热靴触点
便于连接使用外置闪光灯

模式转盘
用于选择不同的拍摄模式

存储卡插槽盖
保护存储卡意外弹出

电源开关
控制相机的开关

✍ 顶面

主拨盘
用于拍摄时对相关参数进行设置

2.2 了解数码单反相机的类别

由于数码单反相机的主要功能都很相近，所能拍摄的主要题材也大体相似，因而对于其类别的划分主要从价位的角度进行考虑，可以分为入门级、中端级和高端级。同时，这里主要针对普通消费者，对于那些高端专业的中画幅或大画幅数码单反相机，由于价钱过于昂贵，因此并不在本书介绍的范围。

2.2.1 入门级数码单反相机

入门级数码单反相机的外观设计更小巧和生活化，但部分功能被削弱或取消了，并且机身往往都是采用强化塑料，因而价钱也比较便宜，这类数码单反相机是摄影初学者及家用拍摄者的首选。

通常几千块就能获得一个单镜套机，代表机型有佳能 EOS 500D/550D，尼康D5000/D3100。

五棱镜在取景时，利用的是晶体的折射原理

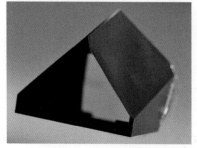

五面镜在取景时，利用的是镜面的反射原理

☑ 佳能 EOS 550D

☑ 尼康 D3100

采用与 EOS 7D 相同的 63 区双层测光感应器；支持 14 位模数转换，可获得 16384 色阶的丰富表现，是入门级数码单反相机的佼佼者

增加了即时取景模式；其脸部侦测功能，最多可识别 35 张人脸；还采用了尼康最新的 EXPEED Ⅱ 图像处理技术。

提示 包括尼康 D3100/D7000 以后版本的相机中都使用了最新推出的 EXPEED Ⅱ 图像处理技术，图像的处理更方便，这也使入门级与中端级数码单反相机在图像处理方面差距变小。

在前面介绍数码单反相机的成像原理时，所看到的正立的像就是通过左上图中的五棱镜的折射实现的。但在入门级数码单反相机上，大都选择使用左下图中的五面镜。它们的基本作用是一样的，不过五面镜的造价更低，光学性能较差，取景可能出现偏暗的现象。这也是入门级数码单反相机价钱便宜的一个原因。

2.2.2 中端级数码单反相机

中端级数码单反相机，也可称为准专业型数码单反相机，通常改善了入门型相机的弱点，或是在专业型的基础上进行了部分功能的弱化。其机身往往采用金属材质，在连拍速度及对焦等功能上有了更好提升。

部分入门级中高端数码单反相机，或是部分高端级的入门数码单反相机也可以被视为中端，比如上市以来销量不错的中端相机佳能 EOS 50D 和尼康 D90，以及新出厂的佳能 EOS 60D 和尼康 D7000，甚至是性能更加优异的佳能 EOS 7D 和尼康 D300s，性能直逼入门型全画幅高端数码单反相机。

✍ 佳能 EOS 60D

✍ 尼康 D7000

佳能首次在中端数码单反相机中使用 104 万像素翻转液晶屏，以及全 9 点十字型自动对焦感应器

由 D90 的 11 个对焦点升级为 39 个对焦点，还有中央 9 个十字型感应器，以及全新 2016 像素 RGB 测光感应器

2.2.3 高端级数码单反相机

对于高端级数码单反而言，则是集合了更多的先进技术，机身也进行了防水、防尘的密封处理，其高感、低噪功能具有更好的表现力，并且还具有惊人的快门使用次数。在很多恶劣的环境下，也能"经得起考验"。

不过就消费水平而言，价钱也是比较高的，比如佳能 EOS 5D Mark II/1D Mark IV 和尼康 D700/D3s，以及机身的价格就超过 4 万元的佳能 EOS 1Ds Mark III 和尼康 D3X。

✍ 佳能 EOS 1D Mark IV

扩展 ISO 感光度最低 50，最高达 102400；39 点十字型全 45 点自动对焦感应器；双 DIGI4 数字影像处理器，约 10fps 的高速连拍；30 万次快门寿命；采用了镁合金全密封机身设计的防水滴防尘机身

✍ 尼康 D3s

最高 ISO 感光度为 102400，51 个自动对焦点，15 个十字型感应器，"FX 格式达 9fps，'DX' 裁切格式达 11fps"的拍摄速度；30 万次快门寿命；采用了镁合金全密封机身设计的防水滴防尘机身

2.3 数码单反相机镜头的品牌

针对于主流数码单反相机的消费市场而言，其镜头也跟相机一样，主要是尼康和佳能两大品牌之选。若从性价比角度考虑，可能一些副厂镜头也是不错的选择，特别是对于预算不是很多的拍摄者来说，可以从中找到不错的镜头搭配。除了了解这些不同品牌的镜头之外，为了更清楚地了解镜头的优劣，从镜头的名称标示中还能得到更多信息。

2.3.1 尼康系列镜头

尼康镜头其实是针对相机而言的，尼康把全画幅称为 FX 画幅，具有全画幅大小感光元件的数码单反相机则被称为 FX 机型。同理，将 APS-C 画幅称为 DX 画幅，具有 APS-C 画幅大小感光元件的数码单反相机则被称为 DX 机型。因而对应的镜头也就分为了与 FX 和 DX 相匹配的两大类。

镜头上没有特殊的标志

镜头上有 DX 标志

与 FX 机型匹配的镜头

与 DX 机型匹配的镜头

观察镜头后端会发现 DX 机型镜头的口径要小一些

全画幅——FX

与全画幅搭配使用的镜头，通常在镜头上没有特殊标志的镜头。虽然 FX 机型能使用 DX 镜头但画面不完整，可能会出现比较明显的暗角现象。只有将相机影像区域设置为 DX 格式才能正常使用，但这样就失去了使用全画幅单反相机的意义了。目前市面上的 FX 机型有 D3 系类和 D700。

APS-C 画幅——DX

通常在 APS-C 画幅专用镜头上有 DX 标志。在 DX 机型上可以使用所有镜头，但对于适用于 FX 机型的镜头而言，减少了广角端上的视角范围，却增加了长焦端的焦距上的优势。目前市面上的 DX 机型有 D90/D7000/D300s。

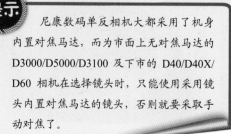

提示

尼康数码单反相机大都采用了机身内置对焦马达，而为市面上无对焦马达的 D3000/D5000/D3100 及下市的 D40/D40X/D60 相机在选择镜头时，只能使用采用镜头内置对焦马达的镜头，否则就要采取手动对焦了。

☑ 无机身对焦马达的 DX 机型

2.3.2 佳能系列镜头

与尼康相同，佳能镜头也主要分为与全画幅数码单反相机搭配使用的 EF 镜头，以及与 APS-C 画幅数码单反相机搭配使用的 EF-S 两大类。

✍ EF 镜头

✍ EF-S 镜头

APS-C 画幅——EF-S

APS-C 画幅，所使用的主要是 EF-S 镜头，当然它也可以使用 EF 镜头，不过也会出现在广角端上的视角减少的问题，而在长焦端会出现增加焦距的优势。适用机型有 EOS 500D/550D/50D/60D/7D。

同样可以从相机镜头安装标志处了解，该款相机可以使用的镜头包括 EF 及 EF-S 镜头。

全画幅——EF

对于佳能 EOS 数码单反相机而言，EF 镜头是从胶片时代延续至今的，因而全画幅相机只能和 EF 镜头搭配使用，对于 EF-S 镜头根本无法使用。适用机型有 EOS 5D

✍ 佳能 EOS 1D Mark Ⅳ

可以从相机镜头安装标志处了解，该款相机所匹配使用的镜头只有 EF 镜头

还需注意的是佳能独有的 APS-H 画幅的 1D 系列的数码单反相机也使用了全画幅相机的反光镜，因此只能使用 EF 镜头，即使安装上了 EF-S 镜头，也会出现"打板"的现象。

✍ EF 镜头后端

✍ EF-S 镜头后端

提示： EF 镜头与 EF-S 镜头，不只是名称上的差异，虽然卡口本身的大小是一样的，但 EF 镜头后端开口更大，而 EF-S 镜头开口较小，并且卡口后端更长。这也是 EF-S 安装在全画幅相机上出现打板问题的原因。

2.3.3 副厂系列镜头

对于普通消费者而言，一般都会从性价比的角度考虑镜头的搭配，那么副厂镜头必定是主要的考虑对象，因而对于日系三大副厂适马（SIGMA）、腾龙（TAMRON）、图丽（Tokina）就必须进行更多了解。

1. 适马（SIGMA）

在三大副厂中，适马虽然是历史最短的，但却是目前市场上推广最强劲的数码副厂镜头品牌，并且镜头种类齐全。唯一遗憾的就是其生产的镜头缺少经典之作，但在众多镜头中也有不少性价比较高的产品。

镜头变焦转动方向和佳能原厂镜头相同。

✍ 适马 AF 24-70mm F2.8 EX DG HSM

该款镜头的第 3 代产品性能有不错的提升

这两支镜头都具有几乎可以贴着被摄体拍摄的近摄能力，也是日系数码单反相机专用镜头产品中，仅有的两支全景鱼眼镜头

✍ 适马 AF 8mm F3.5 EX DG FISHEYE 全画幅全景鱼眼镜头

✍ 适马 AF 4.5mm F2.8 EX DC FISHEYE HSM APS-C 画幅全景鱼眼镜头

✍ 适马 AF 50mm F1.4 EX DG HSM

是包括原厂在内同焦段同光圈镜头中口径最大的一支镜头；并且是具有最新的数码优化设计的新型 50mm 标准镜头；在超声波马达驱动下，实现安静快速的对焦。

2. 腾龙（TAMRON）

在胶片时代就出产不少好产品的腾龙镜头，其技术的更新较慢。很多镜头都还使用传统技术，但成像质量并不差，因而有不少性价比颇高的镜头。镜头变焦转动方向和尼康原厂镜头相同。

✍ 腾龙 SP AF 70-200mm F2.8 Di LD MACRO

价钱最为平易近人的大光圈长焦镜头；95cm 的最近对焦距离，微距拍摄能力也不错；是同级别镜头中最轻的

腾龙 SP AF 90mm F2.8 Di MACRO
针对数码单反进行优化设计；轻便、紧凑的设计便于携带；推拉式的对焦模式切换开关，使用非常方便

🖊 腾龙 SP AF 28-75mm F2.8 XR Di LD

价格平易近人的大光圈镜头；同类型中具有最近的对焦距离；体积小，重量轻，便于携带。

3. 图丽（Tokina）

比起另外两大副厂镜头而言，图丽的镜头在我国的推广力度显得偏弱，产品也相对偏少，但其从胶片时代到数码时代一直就有很多经典之作，特别是在超广角镜头方面有很多不错的产品。

由于其外观设计偏向尼康，因而很多尼康相机的使用者会习惯性地选择该厂的镜头。

🖊 图丽 AT-X 11-16mm F2.8 PRO DX

在 APS-C 画幅上首款实现 F2.8 大光圈超广角镜头；镜头的坚固性和优秀的操作性让拍摄者能够放心使用

图丽 10-17mm F3.5-4.5 FISHEYE DX
全球首款 APS-C 画幅专用对角线变焦鱼眼镜头；针对数码单反进行优化，成像优秀；拥有 14cm 的最近对焦距离，具有紧贴被摄体拍摄的近摄能力

🖊 图丽 AT-X 12-24mm F4 PRO DX Ⅱ

恒定 F4.0 的最大光圈成像、操作性都很优秀，口碑一直不错的一支超广角镜头；24mm 的长焦端能够同 24mm 广角端的镜头无缝连接

图丽 AT-X 100mm F2.8 PRO D MACRO
采用数码优化，成像更加优秀；一支质地厚实、坚固耐用的镜头；对焦环手感不错；推拉式的对焦模式切换开关，使用非常方便

2.3.4　镜头标识的不同含义

镜头标识，正如一个镜头的身份识别系统一样，焦段、光圈等镜头的重要参数只有通过镜头标识才能区分。下面我们主要从前面介绍的两大原厂及三大副厂展开讲解。

AF-S DX NIKKOR 18-200mm F/3.5-5.6 G ED VR II　　✍ 原厂
　①　　②　　③　　　　④　　　　　⑤　　⑥　⑦　⑧　⑩

镜头上面的标记为：Nikon DX AF-S NIKKOR 18-200mm F/3.5-5.6G ED VR II

Nikon 尼康

AF-S VR NIKKOR 70-300mm F4.5-5.6G IF-ED
　①　⑧　　③　　　　④　　　　⑤　　⑥⑨　⑦

镜头上面的标记为：Nikon ED AF-S VR NIKKOR 70-300mm F/4.5-5.6G IF ED

①　AF-S 表示内置 SWM 宁静波动马达的自动对焦镜头，AF 表示自动对焦镜头。

②　DX 表示专为尼康 DX 格式数码单反相机设计的镜头。无 DX 标识的镜头就是 FX 镜头。

③　NIKKOR 表示尼康镜头的统称，也可视为尼克尔镜头的标志。

④　表示焦距范围。如 18-200mm 表示镜头焦距从 18mm 到 200mm 的范围。50mm 数值表示为该焦距的定焦镜头。

⑤　F 值代表光圈数值，即以数值形式表示镜头的明亮度。F 值越小，进光量越多，快门越快，镜头的明亮度越高。如 F/3.5-5.6 表示镜头随焦距的变化最大光圈变化的范围。

⑥　G 表示镜头无光圈环设计的 G 型镜头，光圈调整必须由机身来完成。D 表示镜头具有光圈调节环以及距离信息传递功能的 D 型镜头。

⑦　ED 表示镜头采用了超低色散镜片，可使镜头保持较高成像锐利度，又可以降低色差以利于色彩纠正。

⑧　VR 表示该镜头配备尼康独有的 VR 减震组件。通常其减震效果相当于提高 3~4 档快门速度拍摄。

⑨　IF 是指镜头采用内对焦设计，只需要通过移动镜头中间部分的镜组就能实现合焦。这样可以减低对焦马达的要求，实现更快速的对焦，以及缩短最近对焦距离。

⑩　II 表示相同规格镜头的第二代产品，即优化改进版，起到与同样规格、型号旧款镜头相区分的作用。

EF 70-300mm F/4.5-5.6 DO IS USM
　①　　　　　　　　⑤　③　④

Canon 佳能

镜头上面的标记为：EF 70-300mm F/4.5-5.6 DO IS USM

EF 24-105mm F/4L IS USM
　①　　　　　②③　④

镜头上面的标记为：EF 24-105mm F/4 L IS USM

①　EF 表示能装载到 EOS 单反机身上的镜头，通常使用在全画幅相机上，而 EF-S 表示在 APS-C 画幅上专用的镜头。

②　L 是 Luxury 的缩写，镜筒上伴有醒目的红圈，表示此镜头采用了佳能先进的技术和昂贵的材料，具有极佳成像素质。

③　IS 是 IMAGE STABILIZER 图像稳定器的英文缩写，表示该镜头具有光学防抖功能。

④　USM 是 ULTRASONIC MOTOR 的缩写，表示镜头采用了能够实现安静且高速自动对焦的超声波马达。

⑤　DO 表示采用了多层衍射光学元件镜片的镜头，衍射光学元件与折射光学元件在色差上具有完全相反的性质。DO 镜片通过利用这些性质，从理论上实现了色差为"零"的镜头效果。

注：由于各个品牌镜头焦距和光圈的表示都是一样的，因而在后面的内容中不再进行重复介绍。

18-200mm F/3.5-6.3 DC OS HSM
① ③ ④

镜头上面的标记为：18-200mm F/3.5-6.3 DC OS HSM

50mm F1.4 EX DG HSM
⑤ ② ④

镜头上面的标记为：50mm F/1.4 EX DG HSM　EX SIGMA

① DC 表示数码单反相机专用镜头，即 APS-C 画幅数码单反相机专业镜头。

② DG 表示针对全画幅数码单反相机使用的镜头。不过 APS-C 画幅数码单反相机也可以使用。

✍ 副厂

SIGMA 适马

③ OS 表示镜头使用了光学防抖组件。

④ HSM 表示镜头采用了超声波对焦马达。

⑤ EX 是 Excellence 的缩写，表示该镜头属于适马专业的"卓越"镜头系列，配合每一片精琢的适马创新 SMC 超多层镀膜镜片，效果自然，更近完美。

在部分长焦镜头上的 APO 表示镜头采用复消色散设计和特殊低色散玻璃 SLD 镜片，用于减少彩色像差，从而提高镜头像质，改善反差和提高清晰度。

SP AF 17-50mm F/2.8 XR Di Ⅱ LD Aspherical [IF]
① ② ③ ④ ⑦ ⑧ ⑨

TAMRON 腾龙

镜头上面的标记为：SP AF 17-50mm F/2.8 XR Di Ⅱ LD Aspherical [IF]

AF 28-300mm F/3.5-6.3 XR Di VC LD Aspherical [IF] MACRO
① ③ ⑤ ⑥ ⑦ ⑧ ⑨ ⑩

镜头上面的标记为：AF 28-300mm F/3.5-6.3 XR Di VC LD Aspherical [IF] MACRO

① SP 是 Super Performance 的缩写，表示该镜头属于腾龙的超级性能大口径的专业镜头系列。

② AF 表示为自动对焦镜头。

③ XR 表示该镜头采用了大幅度缩小镜头体积和重量的高折射率镜片。

④ Di Ⅱ 表示为 APS-C 画幅数码单反相机专用镜头。

⑤ Di 表示为全画幅数码单反相机镜头。

⑥ VC 表示拥有光学防抖功能。

⑦ LD 表示该镜头采用了 LD 低色散镜片。

⑧ Aspherical 表示该镜头采用了非球面镜片。

⑨ IF 是指该镜头采用内对焦的设计。

⑩ MACRO 表示该镜头具有接近微距拍摄的近距离拍摄能力。

AT-X 165 PRO DX
① ② ③ ④

镜头上面的标记为：AT-X165 PRO DX

AT-X M100 PRO D
① ⑥ ② ③ ⑤

Tokina 图丽

镜头上面的标记为：AT-X M100 PRO D

① AT-X 是 Advanced Technology-Xtra 的缩写，表示图丽最尖端光学技术下生产的大口径高档的专业镜头，特点是镜头前端有金圈。

② 165/100 表示镜头焦距分别为 165mm 和 100mm 的缩写。

③ PRO 是 Professional 的缩写，表示追求更高端的坚固性和操作性。

④ DX 表示为 APS-C 画幅数码单反相机专用镜头。

⑤ D 表示为全画幅数码单反相机镜头。

⑥ M 是 MACRO 微距镜头的缩写。

第**3**章 数码单反相机的基础操作

在蓝色海水的反衬下，海滩犹如黄金般的灿烂。

拿起相机只知道按下快门进行拍摄是不够的，对于数码单反相机的基本操作，还需要进行更深一步的了解，以免在真正开始拍摄时，手忙脚乱不知所措………

黄金海岸 【光圈优先模式 光圈：F8.0 快门：1/400s ISO：100 焦距：400mm】

3.1 学会操作数码单反相机

数码单反相机有众多的附件，在使用之前，首先我们需要对诸如方便相机携带的背带，作为相机能源基础的电池，保存图像的存储卡，以及对成像的重要光学部件镜头的正确安装、更换等知识进行了解，若没有这些基本的设备而仅靠机身也不能开始拍摄。

3.1.1 安装相机背带

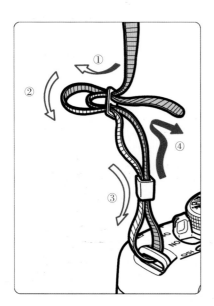

只有正确安装相机背带，才能进一步确保相机的安全，从而为拍摄者在创作中提供足够的保障。

对于数码单反相机的背带的安装，需要拍摄者将背带一端从下面穿过相机的背带环，然后如左图所示将它穿过背带锁扣。最终拉紧背带，确保背带不会从锁扣处松脱就可以了。

    ✍ 随机附赠的相机背带

对于拍摄者而言，相机的背带不仅可以使用原厂自带的产品，还可以从市面上购买更多不同样式及色彩的相关产品。

✍ 更便于携带的相机背带
在背带上加入软垫，可以减轻拍摄者长时间背负的负担，使用起来会更加舒适

✍ 更人性化设计的相机背带
在背带上加上小包便于存储卡和电池的收纳，并且接口的设计也更加坚固耐用

✍ 更多色彩的相机背带
可以让相机有更多的搭配颜色

3.1.2 安装电池

相机电池的安装过程看似简单，其实有很多需要注意的地方。在电量耗尽或长时间不使用电池时对其存放的方法也是很有讲究的。

1. 安装电池

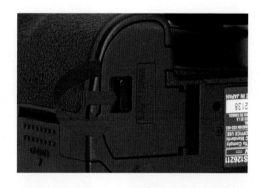

安装电池的步骤如下。

（1）将相机的电源开关调整到 OFF 关闭状态，如上左图所示。这也是安装其他设备的必要步骤，后面就不再重复介绍了。

（2）滑动电池仓释放杆将电池仓盖打开，如上右图所示。

（3）将充满电的电池沿着如上左图所示的方向插入电池仓内，同时要对准电池上触点的方向。

（4）确定无误之后电池插入电池仓，直至电池释放杆弹起为止，再盖上电池盒盖即可，如上右图所示。

2. 存放电池

在对电池充电之后或是长时间不使用相机时，最好将电池放置在保护盖或是存储盒中进行存放，以免电池上的金属触点被氧化、腐蚀或是受到污染。

> **提示**
>
> 若很长时间不使用相机，最好每隔几个月为电池充电一次，这样可以保持电池的良好性能。特别是镍氢电池，其自放电速度会比锂电池更快一些。

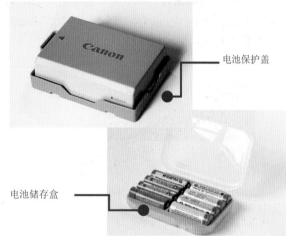

电池保护盖

电池储存盒

3.1.3　安装存储卡

市面上的存储卡种类众多，而在数码单反相机上使用最多的还是 CF 卡和 SD 卡，因而这里针对这两类存储卡的安装展开讲解。

提示　如果拍摄者所使用的数码单反相机配备的是 CF 卡，则在安装时，若以错误的方向插入，很可能会损坏相机存储卡插槽内的针脚导致数据无法传输，因此一旦感到插入卡时不太顺畅时，需要立即将其取出并检查插入方向。

这里针对市面上最主流的 CF/SD 卡，介绍其安装步骤。

（1）沿箭头的方向滑动并打开存储卡插槽盖，如上左图所示。

（2）将存储卡标签面朝上，向插槽内插入存储卡。若插入的是 CF 卡，则会看到存储卡释放杆弹起，如上右图所示；而若插入的是 SD 卡，则在听到"咔嚓"声之后表明卡已插好。

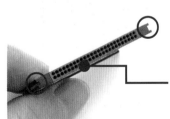

使用 SD 卡相机的拍摄者，需要注意写保护开关不要开启，否则不能正常使用

由于 CF 卡两侧凹槽是不一样宽的，因此在安装时，尽量避免误插存储卡的现象发生

除了安装，其实在取出存储卡时所用方法也是不同的。

在取出 CF 卡时，需要按下存储释放杆，存储卡弹出便可取出存储卡，如上左图所示。在取出 SD 卡时，需要向存储卡插入的方向按下存储卡，待其弹起便可取出，如上右图所示。

3.1.4　安装与更换镜头

数码单反相机除了机身外，还必须配备镜头才能发挥其全部功能。因而为相机更换镜头的方法也是必须掌握的。

在安装镜头之前需先将机身卡口盖与镜头后盖取下，这样才能真正开始安装镜头。

（1）将镜头上的安装标志与机身卡口上的安装标志对齐，并将镜头插入相机卡口中，如上左图所示。

（2）将镜头插入卡口后，按上右图所示的箭头方向进行旋转，直至听到"咔嚓"声为止。

更换镜头的步骤如下。

（1）按下相机卡口旁的镜头释放按钮，如上左图所示。

（2）将镜头按上右图所示的箭头的方向进行旋转，直至镜头与机身松开后，即可将镜头从机身卡口中取出。

在安装具备光圈环的 D 型镜头时，需将光圈锁定在最小光圈处，否则安装后无法正常使用。

在安装相机镜头时，通常要保持镜头与机身上的红点对红点，白点对白点才能进行操作。

3.2 # 功能菜单的设置与调节

在为相机安装好了基本的附件之后，就将进入对相机基本功能菜单的设置与调节的环节了，下面就针对这一方面内容进行讲解。

3.2.1 网格线的开启与关闭

数码单反相机中的网格线其实是为了便于初学者取景拍摄而设计的，通常实际的网格线是被设计在对焦屏上的。在主流的尼康和佳能中，尼康所有相机的对焦屏上都有网格线，因而随时可以开启取景器网格线，而佳能入门机型的对焦屏上并没有网格线，因而大都只有在实时取景时才能开启该功能。

Nikon 在 D80 中开启取景器网格线的步骤如下。

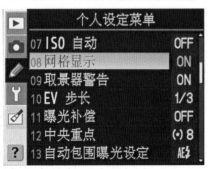 

（1）在个人设定菜单中，选择"网格显示"菜单项，如上左图所示。

（2）在进入"网格显示"菜单项后，选择"开启"选项即可，如上右图所示。

Canon 在 EOS 500D 中开启实时取景网格线的步骤如下。

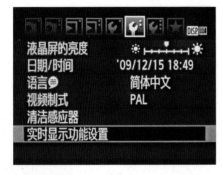 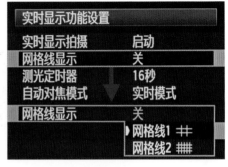

（1）在设置2菜单中，选择"实时显示功能设置"菜单项，如上左图所示。

（2）在进入"实时显示功能设置"菜单项后，再选择"网格线显示"选项。在进入"网格线显示"选项中，便可以选择需要的网格线，如上右图所示。

3.2.2　设置照片的存储格式和尺寸大小

　　设置照片的存储格式和尺寸大小主要是改变图像的精度，一般生活中的照片选择较低的格式就可以了，而有专业用途的照片则可以设置为最高的品质。

　　Nikon 在 D80 中设置照片存储格式的步骤如下。

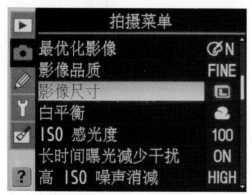

　　（1）在拍摄菜单中选择"影像品质"菜单项，如上左图所示。

　　（2）在进入"影像品质"菜单项后，如上右图所示，便可以设置照片的格式和精度了。

　　Nikon 在 D80 中对照片尺寸大小设置的步骤如下。

　　（1）在拍摄菜单中选择"影像尺寸"菜单项，如上左图所示。

　　（2）在进入"影像尺寸"菜单项后，如上右图所示，便可以设置照片尺寸大小了。

　　与尼康不同，佳能将照片的存储格式和尺寸大小设置在了一个菜单中。

　　Canon 在 EOS 500D 中设置照片存储格式和尺寸大小的步骤如下。

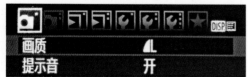

　　（1）在拍摄 1 菜单中，选择"画质"菜单项，如上图所示。

　　（2）在进入"画质"菜单项后，如右图所示，便可以对照片存储格式和尺寸大小进行设置了。

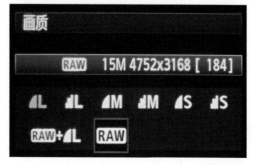

3.2.3 选择不同的照片风格

对于刚刚接触数码单反相机的拍摄者来说，可能对照片风格了解得并不多。其实正确选择照片风格或自定义设置照片风格，可以在不改变曝光参数的情况下，获得截然不同的画面效果，也可以在一定程度上减少后期的工作量。

Nikon 在 D80 中设置照片风格的步骤如下。

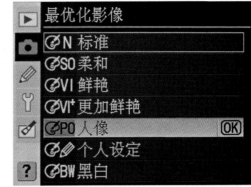

（1）在"拍摄菜单"中选择"最优化影像"菜单项，如上左图所示。

（2）在进入"最优化影像"菜单项后，便可以选择不同的风格选项了，如上右图所示。

对于尼康数码单反相机而言，直接选择系统设定的照片风格选项就已经有较大的差异了，不过拍摄者也可以进行自定义设置。

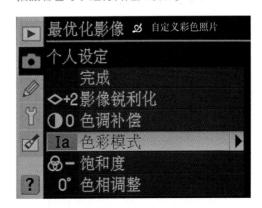

进行色调补偿、饱和度调整的高对比度高饱和度效果图像

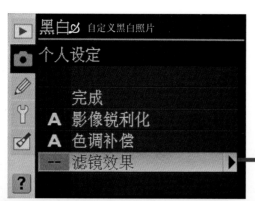

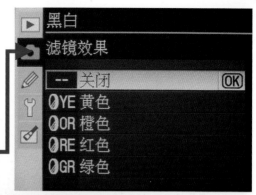

Canon 在 EOS 500D 中设置照片风格的步骤如下。

（1）在拍摄2菜单中，选择"照片风格"菜单项，如上左图所示。

（2）在进入"照片风格"菜单项后，再选择不同的风格选项，如上右图所示。

由于在佳能 EOS 数码单反相机中直接选择系统设定的照片风格区别不是很大，因而拍摄者可以尝试通过自定义的方式设置属于自己具有创意性的照片风格。

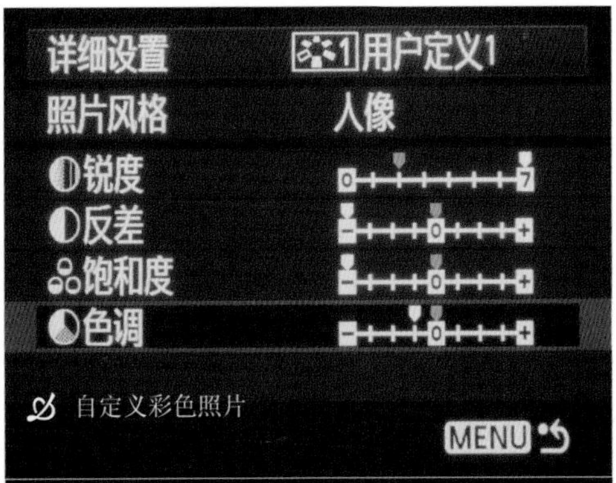

进行反差、饱和度调整的低对比度低饱和度的图像

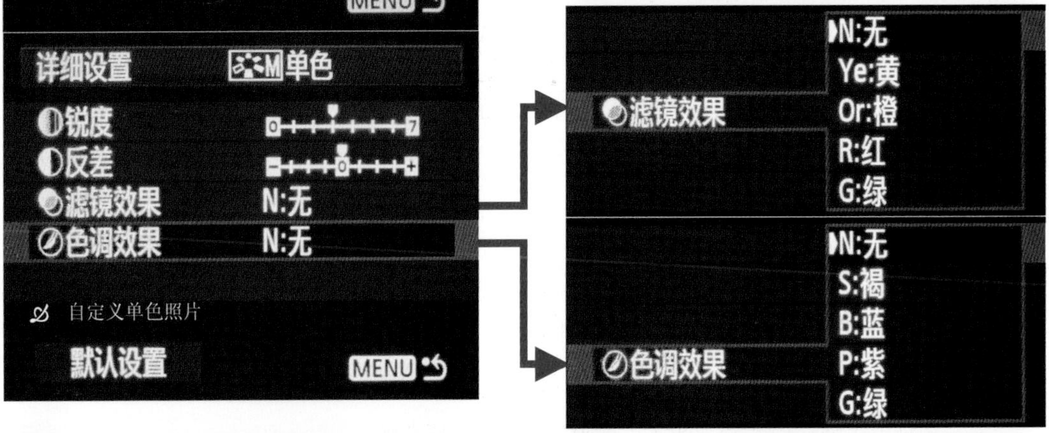

黄色滤镜单色图像

红色滤镜单色图像

褐色调单色图像

蓝色调单色图像

3.2.4 照片的回放与删除

数码单反相机有别于传统胶片相机的最大优势之一，就是可以即拍即看。那么拍摄者在拍摄之后便可以立即回放查看自己所拍的照片，以及对不满意的照片进行删除，因而我们就需要对其设置方式进行了解。

Nikon 在 D80 中照片的回放与删除方法如下。

对于尼康数码单反相机而言，最简单的回放与删除照片的方式就是通过相机背面的回放、删除按钮进行操作。而删除多张照片还可以进行以下操作。

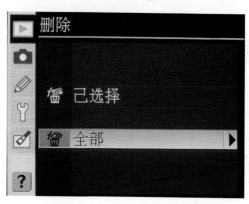

（1）在"播放菜单"中选择"删除"菜单项，如上左图所示。

（2）在进入"删除"菜单项后，即可删除多张或是全部图像，如上右图所示。

Canon 在 EOS 500D 中照片的回放与删除方法如下。

在佳能 EOS 数码单反相机上，最简单的回放与删除照片的方式就是通过相机背面的回放、删除按钮进行操作的。要删除多张照片还可以进行以下操作。

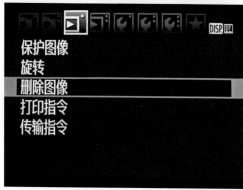

（1）在回放1菜单中选择"删除图像"菜单项，如上左图所示。

（2）在进入"删除图像"菜单项后，即可删除多张或是全部图像，如上右图所示。

3.2.5 格式化操作存储卡

如果我们所安装的是第一次使用的存储卡，就需要使用相机对存储卡进行格式化，从而对其进行初始化操作。另外，在其他设备上使用过的存储卡，在安装到相机上后，也需要对其格式化，以降低存储卡报错现象的发生概率。格式化存储卡之前不要忘记进行备份，因为格式化会删除所有数据。

Nikon 在 D80 中格式化存储卡的步骤如下。

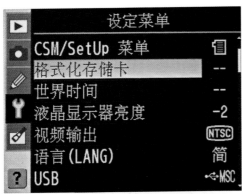
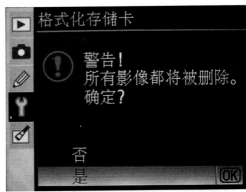

（1）在"设定菜单"中选择"格式化存储卡"菜单项，上左图所示。

（2）在进入"格式化存储卡"菜单项后，通过多重选择器选择"是"选项，最后按下 OK 按钮，相机便开始格式化存储卡了。

Canon 在 EOS 500D 中格式化存储卡的步骤如下。

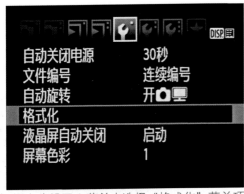

（1）在设置1菜单中选择"格式化"菜单项，如上左图所示。

（2）在进入"格式化"菜单项后，通过十字键选择"确定"按钮选项，如上右图所示，再按下 SET 按钮，相机便开始格式化存储卡了。

提示

与尼康相机不同，在使用 SD 卡的佳能相机中还可以选择"低级格式化"选项。通常在感觉存储卡的记录或读取速度较慢，便可以进行低级格式化。若耗时太久，立即选择"取消"选项便可以停止低级格式化过程了。在这种情况下，相机将进行对存储卡进行标准格式化，并且还是可以正常使用存储卡的。

调节取景器屈光度

在使用数码单反相机拍摄时，通常都是使用取景器进行取景构图的，因而在拍摄前，首先要根据自己的视力情况调整取景器屈光度，以确保能通过取景器获得清晰的焦点。

佳能 EOS 500D

尼康 D700

不论是同一品牌的数码单反相机，还是不同品牌的数码单反相机，设计结构上都会有一定的差异，因而会存在屈光度调节控制器的造型与所在位置不同的现象，但通常都能在取景器的附近可以看到有+或-的调节量的增减标记，如上面两图所示，这种标记就在屈光度调节旋钮的附近，或在屈光度调节控制器的上面。

在进行调节时，拍摄者只需要一边使用取景器观察被摄体，一边用手指进行调整直至焦点清晰为止。

✍ 屈光度调节好前
在屈光度未调节好之前，即使是半按快门按钮进行对焦，哪怕听到"合焦提示音"，也还是不能从取景器中看到清晰的图像

✍ 屈光度调节好后
在屈光度未调节好之后，再半按快门按钮进行对焦，听到"合焦提示音"，及能看到"合焦提示灯"亮起后，便能从取景器中看到清晰的图像。

3.4 学会正确的手持相机和拍摄姿势

由于在日常的拍摄中，手持相机是最常见的拍摄方式，因而掌握正确的手持相机和拍摄姿势是十分必要的，这样可以帮助拍摄者获得更稳定的手持拍摄效果。

1. 手持相机的方法

双手持机的注意事项如下。

（1）保证右手握机的正确姿势。

（2）左手托住机身或镜头下部。

（3）将双臂和双肘靠近身体，保持相机贴近面部的状态，以便拍摄者更好对场景进行取景。

右手握机姿势如下。

（1）右手紧握住相机手柄，并将食指置于快门按钮上。

（2）右手大拇指放置在曝光锁定过焦点选择按钮上，以便拍摄时更快进行调整。

2. 不同的拍摄姿势

（1）站立拍摄

在站立拍摄时，不论是将一只脚向前跨半步，还是双脚开立，都要确保将身体重心保持在两腿之间，这样的站立姿势是最稳定的。

（2）半跪拍摄

在半跪拍摄时，往往会选择将右腿跪下，而左腿支起。这时左膝便可用来支撑托住相机及镜头重量的左手臂。

（3）坐着拍摄

最好的稳定相机的坐姿是盘腿而坐，这时拍摄者的身体缩紧，双手可同时得到来自双膝的支撑，可谓是不借助外物最稳定的一种拍摄姿势。

（4）倚靠他物拍摄

在光线变暗，需要稍长一点的曝光时间时，可以借助旁边的墙壁、柱子或树干等稳定的物体做支撑，从而起到稳定相机的作用。这时身体重心就不停在两腿之间了，则是将重心向稳定的依靠物上转移。

大连风光　【手动模式　光圈：F8.0　快门：1/250s　ISO：100　焦距：17mm】

正确使用数码单反相机

2

既然选购了数码单反相机，那么就不要把它当作一个摆设，对其合理运用后会让我们在更多领域有所发现，并且只要加上一定时间的磨练，每个人都能从拍摄中找到更多乐趣。

在初识数码单反相机，以及选择了数码单反相机，了解了相机原理、结构、机身、镜头等常识，并对相机的基本操作有了一定基础的拍摄者，想必都会有出门拍摄的冲动。接下来就会针对使用相机对焦拍摄，以及相关曝光等知识进行讲解，以帮助大家实现更多的创意拍摄及丰富的拍摄效果。

第 4 章　快速轻松的上手拍摄

第 5 章　控制曝光的三大元素

第 6 章　实现更多的创意拍摄

第 7 章　利用镜头与滤镜实现更多拍摄效果

第4章 快速轻松的上手拍摄

虚幻的背景，让洁白的花卉显得清新淡雅。

作为一个初学者，即使不会设置相机参数，也还是能够轻松上手拍摄的。首先，学会准确的对焦才是迈出成功摄影的第一步，接着就是使用相机上最简单的场景模式……

清新淡雅【人像模式 光圈：F4.0 快门：1/250s
ISO：100 焦距：100mm】

4.1　数码单反相机的不同对焦模式

对焦分为自动对焦与手动对焦两大类。自动对焦已经成为当前一种快速方便的主流对焦方式。看似麻烦的手动对焦之所以从胶片时代一直沿用至今，而没有完全被取代就是因为其有着自动对焦无法实现的功能。

4.1.1　AF 自动对焦模式

数码单反相机中的自动对焦模式通常分为单次自动对焦、连续自动对焦，以及两者兼具的全自动 3 种。

1. 拍摄最前面的工作

不论是自动还是手动对焦，在拍摄之前首先需要做的是对镜头及机身外部的对焦模式开关进行调整。

（1）Canon

在 EOS 数码单反相机上，要想改变对焦模式模式，只需要将镜头上的对焦模式开关调整为 AF 自动对焦模式即可实现自动对焦，因为该厂都采用的是镜头对焦马达。

（2）Nikon

在具备机身对焦马达的 D90 相机上，需要先将机身上的对焦模式选择器调整为 AF 自动对焦。不具备该功能的相机，则只需通过镜头调整对焦模式切换器即可。

提示　使用尼康相机的拍摄者，可能需要根据所用镜头选择 A 自动对焦模式，M/A 手动优先的自动对焦模式，以及 A/M 自动对焦优先模式，从而实现自动对焦。若没有对焦马达的镜头，则不要该设置。

在尼康数码单反相机中还有很小部分没有对焦马达相机的机身，也可以省去开启机身对焦模式。这类相机在使用同样没有对焦马达的镜头时，只能采取手动对焦进行拍摄。

没有对焦马达的 D5000/D3000/D3100 等机型，机身卡口上同样没有机身驱动凸杆

有对焦马达的机器，机身卡口上就会有设计机身驱动凸杆

除了机身上对焦模式选择器之外，在镜头卡口上的机身驱动凸杆便是有无机身马达的最大依据

2. 单次自动对焦

在完成拍摄准备之后，对于每一个拍摄者而言，首先可以尝试使用相机自动对焦功能选择针对静止的被摄体进行拍摄，也就是需要开启相机的单次自动对焦模式。佳能 EOS 数码单反相机中要实现这样的功能，需要注意对焦方式为 ONE SHOT；而使用尼康相机则需要注意该功能的参数设置是 AF-S。

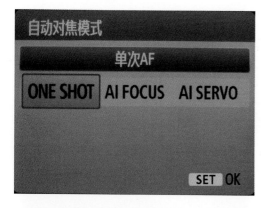

下面以佳能 EOS 500D 数码单反相机为例进行介绍。

在未按快门按钮合焦前，对焦点不会亮起，取景器中的被摄体也可能是模糊的，如下左图所示。半按快门按钮合焦后，对焦点将短暂有红色闪烁，在听到相机发出"合焦提示音"，并看到"合焦确认指示灯"处于长亮状态，以及被摄体由模糊变为清晰的状态时，如下右图所示，此时才能完全按下相机快门按钮获得照片。

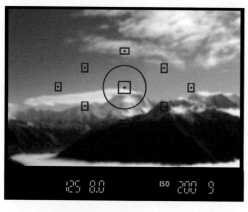

轻松对焦静止的被摄体

3. 连续自动对焦

在了解了对静止的被摄体对焦后，下面为了拓展拍摄范畴，自然要对运动中的被摄体进行拍摄。此时就需要拍摄者设置相机的连续自动对焦模式，对快速运动的被摄体进行拍摄。同样在佳能 EOS 数码单反相机中实现连续自动对焦，需要选择 AI SERVO；而尼康数码单反相机则需要选择 AF-C。

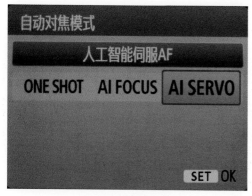

下面以佳能 EOS 500D 数码单反相机为例进行介绍。

在自动对焦过程中，如果拍摄主体离开中央自动对焦点，只要该拍摄主体被另一个自动对焦点覆盖，相机就会持续进行跟踪追焦。

对于连续自动对焦，不论是否合焦，相机都不会发出"合焦提示音"，取景器中的"合焦确认指示灯"也不会亮起，如下面两图所示。

提示： 与在单次自动对焦过程中，只有合焦后才能完全按下快门按钮不同，在连续自动对焦模式下，拍摄者在任何状态下都可以按下快门按钮获得照片，但不能完全确保每一张照片都能获得成功合焦的影像。因而拍摄者可以使用连拍模式，进行运动类照片的拍摄。

4. 智能自动对焦

往往拍摄者在日常拍摄中，可能遇到的情况比上面介绍的情况更加复杂，比如在拍摄了几张静止的被摄体之后，又要对运动中的被摄体进行拍摄。为了防止拍摄者在面对这些情况时不至于感到措手不及，还可以使用更加方便的智能自动对焦模式。在佳能 EOS 数码单反相机中设置为 AI FOCUS，在尼康中低端数码单反相机中可以设置为 AF-A。

下面以佳能 EOS 500D 数码单反相机为例进行介绍。

在单次自动对焦模式下对主体对焦后，如果主体开始移动，相机将检测主体的移动并自动将自动对焦模式变更为连续自动对焦模式。

切换到智能自动对焦模式合焦时，相机会发出"合焦提示音"，在取景器中不会看到"合焦确认指示灯"亮起，如下两图所示。通常只在合焦后，才能按下快门按钮。

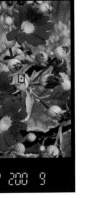

动静兼收的全能自动对焦方式

在对焦拍摄过静止的被摄体后，可迅速转为对运动的被摄体的对焦拍摄

4.1.2　MF 手动对焦模式

在胶片时代早期，单反相机都只能进行手动对焦功能，因而以前的拍摄者大都具备了手动对焦的方法。到了数码时代，随着自动化程度不断提升，以及在讲究高效的拍摄任务面前，自动对焦往往充当了很重要的角色，因而只有在不能圆满完成拍摄任务的情况下，才会选择手动对焦。

自动对焦失效，需要使用手动对焦的情况如下。

（1）如蓝天或色彩单一且平坦的低反差被摄体。

（2）低光照下，如夜间或室内环境下的被摄体。

（3）条纹以及其他只在水平方向有反差的图案。

（4）在亮度、颜色或图案持续变化的光源下。

（5）极小的被摄体。

（6）位于取景器边缘的被摄体。

（7）强烈反光的被摄体。

（8）正在靠近或远离相机的被摄体。

（9）对极端脱焦的主体进行自动对焦。

（10）用柔焦镜头应用柔焦效果。

（11）使用特殊效果滤镜。

（12）自动对焦点覆盖近处和远处的被摄体，如笼子中的动物等。

（13）由于机震在自动对焦点范围内不断移动，导致无法保持静止的被摄体。

色彩相似不能准确自动对焦的情况

不管相机是否出现了以上可能导致自动对焦失效的情况，只要拍摄者在使用相机的单次自动对焦模式时，感到镜头对焦速度降低，并对被摄体产生迟疑，出现来回"拉风箱"（反复对焦）的现象，那么就需要利用手动对焦来改善自动对焦失效的情况。在手动对焦模式下，不要忘记将镜头上的对焦模式开关或对焦模式切换器，以及机身上的对焦选择器设置为 M 或 MF。

由于相机的自动对焦系统是根据被摄体对比侦测而来的，因此当出现如上图所示这样的镜头吃光的低反差画面时，必定会导致自动对焦不准的现象。此时只有靠用眼睛去侦测的手动对焦才能解决这样的问题。

提示

若是使用老镜头，以及转接环连接其他镜头时，拍摄者也只能进行手动对焦。进行这类拍摄的拍摄者只有多加练习使用手动对焦才能拍出更好作品。

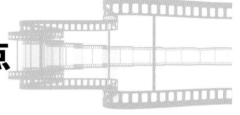
4.2 如何选择对焦点

数码单反相机的对焦系统和以往胶片单反上的裂像对焦有很大的差异，其不是根据对焦屏的中心裂像屏进行对焦，而是根据对焦屏上众多的对焦点有选择性地进行对焦拍摄。

4.2.1 自动选择对焦点

很多数码单反相机默认设定为自动选择对焦点或对焦于中央对焦点上的被摄体。通常是与相机的模式有关，佳能相机中只有在基本的场景模式下和 A-DEP 模式下，自动选择对焦点才会生效；而尼康相机中在微距、运动模式以外的场景模式，以及 P/S/A/M 模式下的默认设定都是"AF自动区域"对焦。

相机在自动选择对焦点时，都要针对被摄体自动进行检测，从而做出对焦点的选择。这种对焦点的自动选择可能会出现一个或多个对焦点同时合焦、闪烁的情况，这都是正常的现象。

4.2.2 手动选择对焦点

对于照片的拍摄，不可能总是交由相机自动选择对焦点，根据所需自主的调整对焦点也是必要的。手动选择对焦点针对不同的相机各有不同，这里分别对尼康和佳能 EOS 数码单反相机为例进行介绍。

Nikon 在 D80 中手动选择自动对焦点的方法如下。

（1）除了微距和运动模式外，在 AF 区域模式中，拍摄者可以将默认模式，改为单区域或动态区域模式。

（2）滑动对焦选择器锁定开关至●位置，便可以使用多重选择器选择对焦区域了。

（3）在取景器或控制面板中观测选择对焦区域完成后，还可以将对焦选择器锁定开关返回 L，以防止对焦点发生改变。

Canon 在 EOS 500D 中手动选择自动对焦点的方法如下。

（2）按下十字键选择自动对焦点。在查看取景器的同时，通过转动主拨盘直到所需的自动对焦点闪动红光，便完成自动对焦点的设置。

（3）按下 SET 设置按钮可以在中央自动对焦点和自动选择自动对焦点之间切换自动对焦点选择方式。

（1）在 P/Tv/Av/M 模式下，按下自动对焦点选择按钮，选定的自动对焦点将显示在液晶监视器上和取景器中。

提示

不同型号的尼康数码单反机的对焦点选择的基本操作差异不大。而佳能 EOS 数码单反相机的中高端机型中，除了主拨盘没有变化之外，取消了十字键的设计，因而选择自动对焦点的操作方法上，需要变为使用速控转盘和多功能控制钮。

4.2.3　使用对焦锁定功能

对于数码单反相机的对焦锁定，大部分品牌的产品都可以通过使用半按快门按钮的方法进行操作。对于数码单反主流相机厂商的尼康而言，对焦锁定又和其他品牌相机有一些区别。

AE-L/AF-L 按钮

快门按钮

Nikon 上对焦锁定的方法如下。

在单次对焦模式下，半按快门按钮已经可以实现对焦锁定了，而后再按下 AE-L/AF-L 按钮，便可以更稳定进行对焦锁定了，并且即使松开快门按钮，对焦仍将保持锁定状态。

Canon 上对焦锁定的方法如下。

在单次对焦模式下，只要半按快门按钮就可以实现对焦锁定。

快门按钮

4.3 方便快捷的场景模式

对于那些不想花太多时间学习相机参数设置的初学者来说，其实直接使用数码单反相机上的场景模式也是不错的选择。那么就要求这部分人对基本的场景模式相关功能有一定了解，才能巧用它们拍出一些效果不错的照片。

4.3.1 全自动模式——快速方便的拍摄

全自动模式即 Auto 模式，又被称为傻瓜模式，利用它可以轻松拍摄人物、旅游、纪念类的快照，在一些突发情况下，如果来不及设置相机的参数，使用这样的模式抓拍一些瞬间也是不错的选择。而且在光线不足时，相机上的内置闪光灯也会自动弹起。

全自动模式可以拍摄人景兼收的快照。哪怕在光线不会很强烈的多云天气，使用全自动模式拍摄风景，也是可以获得清晰成像的。

清晰的成像【全自动模式
光圈: F5.6 快门: 1/800s
ISO: 100 焦距: 17mm】

由于全自动模式下，相机采用的是智能化的自动对焦模式，因而当在来不及设置参数时，对于那些走动的人物，或是顽皮的孩子，以及扭动着脑袋休息的小动物，使用全自动模式一样可以获得不错的拍摄效果。

片刻之间【全自动模式 光圈: F3.2 快门: 1/200s ISO: 100
焦距: 70mm】

提示

在佳能 EOS 数码单反相机上还有一个 CA 创意自动模式，拍摄者根据自己的喜好便可轻松改变闪光灯闪光/关闭、背景模糊/清晰、照片亮度、图像色调等设置。

4.3.2　人像模式——呈现身边人物

　　人像模式即适合以人物为拍摄对象的模式，与全自动模式相比它可以对影像进行更加柔和的处理，并使用能够保证肤色呈现出更加自然的色彩模式。通过相机的程序设置可以让画面获得背景虚化、人物突出的画面效果。光线不足时，内置闪光灯还会弹起为人物面部补光。

　　使用人像模式拍摄，先使人物的皮肤变得更加柔和，背景也会被虚化成一片模糊的效果，自然会使大家的注意力一下集中到被摄人物身上。

突出人物【人像模式　光圈：F1.8
快门：1/160s　ISO：400
焦距：85mm】

提示

　　有的拍摄者拍摄的照片中会出现背景不够虚化的现象，这是由于背景与被摄体距离的不够远，因而我们在选择拍摄地点时就需要多进行。

提示

　　在佳能 EOS 数码单反相机的人像模式下，相机默认的驱动模式为连拍。表现为只要保持按下快门按钮不放，就能拍出多张连续的照片，因而对人物的动作或表情的捕捉非常方便。

多变的表情
【人像模式
光圈：F2.8
快门：1/1250s
ISO：100
焦距：70mm】

4.3.3　风景模式——记录美丽风景

　　风景模式即适合拍摄辽阔风光照片的模式，通过相机程序的设定会使得整个场景由近及远都能合焦。同时，风景模式下的画面色彩也会显得更加鲜艳、影像更为清晰锐利。选择该模式后，其内置的机顶闪光灯及自动对焦辅助照明灯会自动关闭，如果光线不足，最好结合三脚架才能拍摄清晰的影像。

　　使用风景模式，相机程序会自动将天空和地面的亮度做一定的平衡。同时结合全景合焦的优势，使得整个画面都显得格外清晰锐利。

锐利的景色【风景模式　光圈 F8.0　快门: 1/800s　ISO: 200　焦距: 23mm】

　　在风景模式与人像模式所拍摄的照片对比下，我们可以看到风景模式下除了清晰锐利的成像之外，其色彩的饱和度，以及和画面的反差都更明显。

【风景模式　光圈: F8.0　快门: 1/200s　ISO: 200　焦距: 30mm】

【人像模式　光圈: F5.6　快门: 1/320s　ISO: 100　焦距: 30mm】

提示

　　正是色彩的饱和度与对比度较高的关系，因而我们在拍摄旅游纪念快照时，通常都会选择全自动模式，而不是使用风景模式。

4.3.4　夜景模式——展现迷人夜景

在夜景模式下，相机会自动使用低速快门来获得炫目的夜景照片，同时可以将弱光欠曝照片的褪色现象保持最小化，并且相机内置的机顶闪光灯不会自动弹起，因此在长时间曝光下必须结合使用三脚架，以防止影像效果出现模糊的情况。

【五彩灯光 【夜景模式 光圈：F7.1 快门：8s ISO：200 焦距：17mm】

在夜景模式下，相机内部会设置为更长的曝光时间，因而即使是漆黑的夜晚，借助街灯也能获得像上图一样不错的画面曝光效果。

由于在夜景模式下不会自动开启闪光灯，并且色彩也不会太鲜艳，因而可以被用在博物馆之类的禁止闪光的地方拍摄，可以避免闪光灯自动弹起的尴尬局面产生。

现场氛围 【夜景模式　光圈：F5.6
快门：1/15s　ISO：200
焦距：35mm】

提示

若使用该模式拍摄弱光下不闪光的人像照片，由于曝光时间的延长，因而需要保证被摄人物在照片拍摄完成之前不能移动，以免出现模糊的画面效果。

4.3.5 夜景人像模式——在暗光下拍摄人物

夜景人像模式即在夜间拍摄人像的模式，表现为在夜间或较暗的光线下，为了获得更好的曝光效果，相机会自动开启闪光灯为场景中的人物补光，并适当降低快门速度，以获得人物与背景更加自然平衡的画面效果。

明夜色中的女孩【夜景人像模式 光圈：F2.8 快门：1/60s ISO：400 焦距：70mm】

使用夜景人像模式在夜间弱光环境下拍摄人像与其他会自动开启闪光的模式不同，该模式所使用的是慢速同步闪光模式，如左图所示。这也是为什么在该模式下所拍摄的人像和背景都能获得适当亮度，而使人感觉自然的原因。

提示

夜景人像模式下，虽然在低光照条件下，相机的内置闪光灯会自动闪光为人物进行补光，但是该内置闪光灯的强度有限。因而在不借助外置闪光灯拍摄时，闪光灯的有效距离需要控制在5m以内。

为了降低机震的发生几率，拍摄者还可以使用人像或全自动模式在光线较暗的环境拍摄。但是这些模式下很容易出现如右图所示一样的情况，表现为只有人物被照亮，而背景依旧昏暗的画面效果，即人物与背景没有获得平衡的光线，那么画面效果就不会显得那么自然了。

生硬的闪光【人像模式 光圈：F3.5 快门：1/60s ISO：400 焦距：50mm】

4.3.6　微距模式——突出细节特征

　　微距模式具有放大微小物体的功能，在对花卉、昆虫之类本身体积就比较微小的物体进行特写拍摄时才会使用。处于数码单反的成像体系角度来说，要想获得真正的原样放大的微距效果，光靠这个模式是不行的，还需要结合微距镜头，才能会获得更好的拍摄效果。当光线不足时，该模式也会使内置闪光灯弹起。

　　在微距模式下若结合微距镜头进行拍摄，可以与被摄体靠得更近，从而使被摄体上的细节可以得到更多的展现，如左图所示，此处就连花蕊都能看得一清二楚。

展现更多细节 【微距模式　光圈: F8.0
快门: 1/40s　ISO: 200　焦距: 100mm】

提示　如果在使用微距镜头拍摄时，拍摄者要获得足够的细节，就不能使用人像模式进行拍摄，因为该模式可能导致花蕊清晰、花瓣模糊的现象，反而使得我们不能看到更多的细节。对于那些没有微距镜头的拍摄者来说，只有尽量选择长焦镜头进行拍摄，才能使被摄体显得更大。

　　同样是在微距模式下，但未使用微距镜头，如下图所示，所得到的被摄体明显没有之前的放大效果明显了。

提示　在靠近被摄体进行拍摄时，如果出现"合焦确认指示灯"闪烁的情况，则很可能是拍摄者距离被摄体太近了，只有向后移动相机直到闪烁不会出现为止，才能正常拍摄。

凸显局部细节 【微距模式　光圈: F5.6
快门: 1/80s　ISO: 200　焦距: 105mm】

4.3.7 运动模式——定格动态瞬间

运动模式通常用于对移动的物体进行拍摄，不论是奔跑的儿童，还是移动的车辆，利用该模式下较高的快门速度，都可以将移动物体的动作瞬间记录下来。特别是运动题材照片的拍摄本身难度较高，而使用该模式，即便是初学者也可以从中感受运动摄影的乐趣。在该模式下进行拍摄时，闪光灯是不会自动弹起的。

使用运动模式，相机会以调整其他参数的形式保证较高的快门速度，因而在拍摄如左图所示的这类在天空中翱翔的仙鹤等运动类被摄体时，可以轻松应对。

提示

若拍摄时的光线实在太暗，在其他参数已经无法调整的情况下，相机还是会降低快门速度，因而在运动模式下也可能出现机震情况。

运动瞬间【运动模式 光圈：F5.6 快门：1/500s ISO：200 焦距：40mm】

连续拍摄【运动模式 光圈：F4.5 快门：1/400s ISO：800 焦距：95mm】

几乎所有的数码单反的相机在运动模式下，都采用了持续的对焦及连拍模式，因而拍摄者只要按下快门按钮，就可以更好地捕捉连续性的动作瞬间。

第5章 控制曝光的三大元素

在清晨柔和的光线下，层峦起伏的山脉一直延伸至远方。

快门、光圈、感光度作为每个使用相机的拍摄者都最该熟练掌握的知识，也是最常用的三大要素，它们对画面亮度的影响是最直接的。通过对这些参数的调整，便可以轻松控制画面的曝光……

层峦起伏　【光圈优先模式　光圈：F13.0　快门：1/125s　ISO：100　焦距：90mm】

5.1 利用快门控制曝光

快门作为数码单反相机内部的重要机构，可以在不借助其他外力的作用，直接影响画面的亮度。其之所以重要，是因为拍摄者能够通过它调整相机的曝光时间，从而控制画面的曝光。

5.1.1 快门的构造与原理

☒ 位于感光元件之前

☒ 快门机构

1. 快门的构造

快门是位于机身内部控制曝光时间的机构，其构造大致可分为"镜间快门"和"幕帘式快门"两种。数码单反相机采用的是幕帘式快门中的纵走焦平面快门，主要工作区域由几片长方形的金属薄片组成，是光线到达感光元件的最后一道关卡，若没有它的存在则相机难以控制外界的光线。

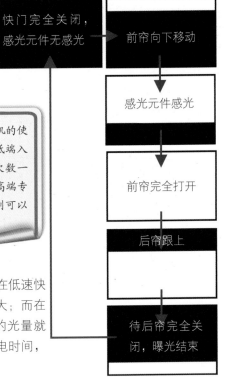

☒ 快门未工作　☒ 快门工作

快门完全关闭，感光元件无感光	前帘向下移动
	感光元件感光
	前帘完全打开
	后帘跟上
	待后帘完全关闭，曝光结束

提示： 不同数码单反相机的使用寿命也是不同的，低端入门级单反相机的快门次数一般在 5 万次左右，而高端专业级相机的快门次数则可以达到 30 万次。

2. 快门的工作原理

在数码单反相机上，快门是由两个幕帘一起工作的。在低速快门时，前后幕帘的间距大，因而进入图像感应器的光量就大；而在高速快门时，前后幕帘的间距小，因而进入图像感应器的光量就小。普通数码单反相机的曝光时间便是为图像感应器的通电时间，时间长了自然光量就大，时间短了自然光量就小。

5.1.2 不同快门时间获取不同的进光量

快门时间越长,即快门打开的时间越长,自然感光元件受光越充分,画面亮度越大;反之,快门时间越短,即快门打开的时间越短,自然感光元件受光不够充分,画面亮度越小。

中低速快门通常会出现完全打开的状态,曝光间隔较大,感光元件受光更充分,因而进光量更大

快门完全关闭
前帘
快门完全打开
后帘
快门完全关闭

在中低速快门下,曝光时间越长,画面所获得的亮度就越高。

快门:1/500s

高快门则不会出现完全打开的状态,只有较小曝光间隔,因而感光元件受光不够充分,导致进光量会更小

快门完全关闭
前帘
前帘
后帘
后帘
快门完全关闭

在高速快门下,曝光时间越短,画面所获得的亮度就越低。

快门:1/1000s

5.2 利用光圈控制曝光

光圈是在数码单反相机成像体系的光学部件镜头中的重要机构。它的大小与收放都可以对画面的亮度产生直接的影响，同时也是成像质量的重要部件。光圈在与快门搭配操作时，即使是使用最大的光圈，也同样能与最小光圈获得一样的曝光效果。

5.2.1 光圈的工作原理

1. 光圈概念

☑ 位于镜内中间位置

☑ 光圈机构

光圈是镜头内部用来控制光线透过镜头并进入机身内图像感应器上光量的装置。它由众多叶片组成，在其中所形成的通光孔越接近圆形越好，这样在拍摄夜晚等场景中的点光源时，能形成漂亮的焦外成像效果。

提示 由于光圈叶片的数量与形状对成像都会带来不小的影响，因而在选购镜头时，拍摄者需要观察光圈叶片的数量，数量一般为 7 枚或 9 枚的镜头比较好，而其所组成的通光孔形状通常越接近圆形越好。

2. 光圈工作原理

光圈处于非工作状态时，一直处于最大的完全打开程度。当拍摄者设置好光圈值以后，光圈才会在按下相机快门按钮的瞬间收缩至之前所设置的光圈大小。若拍摄者直接使用镜头的最大光圈，则上面的过程便不存在光圈收缩的环节。

☑ 图解光圈工作原理

快门开启的瞬间光圈　　　　　　　快门关闭的瞬间光圈
开始收缩　　　　　　　　　　　　开始打开

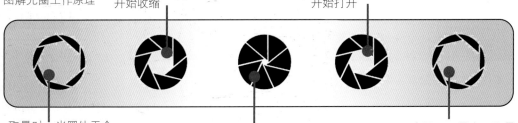

取景时，光圈处于全开的状态

光圈收缩至拍摄者设定的光圈值，此时快门同时打开着，感光元件开始感光

光圈开至最大，取景器恢复到全开的状态

5.2.2 不同光圈大小获取不同的进光量

其实光圈的大小与相机进光量多少之间的关系很明了：光圈通光孔越大，自然进光量就越多；反之，光圈通光孔越小，自然进光量就越少。

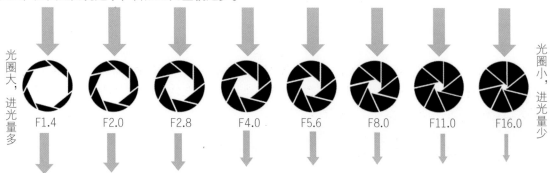

通常所讲的光圈大小用 F 值表示，光圈 F 值=镜头的焦距/光圈孔径。由此可知，光圈 F 值越小，通光孔越大，光圈就越大；反之，光圈 F 值越大，通光孔越小，光圈就越小。如上图所示，光圈孔径大小直接影响进光量多少，而不是光圈 F 值大小。

光圈：F5.6

光圈放大，进光量变多，感光元件所获得的光线增加，画面曝光量显得适中。

光圈：F8.0

光圈缩小，进光量变少，感光元件所获得的光线减少，画面曝光量显得不足。

5.2.3 光圈与快门速度的组合搭配

光圈与快门速度看似关系不大，其实它们之间是相互影响的，即它们的组合是此消彼长的，拍摄者可以从众多的光圈与快门速度中找到能够获得相同画面亮度的众多组合。

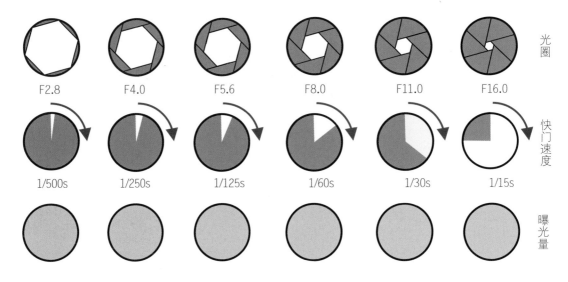

将光圈与快门速度以整挡反向组合的方式，会得到相同的曝光量

使用较大的光圈与较高的快门速度组合，画面可以获得适度的曝光。

光圈：F5.6 快门：1/500s

在使用较小的光圈与较低的快门速度组合时，画面同样可以获得适度的曝光。

光圈：F32.0 快门：1/15s

5.3 感光度平衡画面曝光

　　感光度除了能对画面产生明显的曝光量进行改变，还会影响画面的细腻程度。其往往在与光圈、快门组合使用时，发挥了重要的作用。特别为很多极端情况提供了更多的曝光变化，以便拍摄者可以根据不同的拍摄题材更好地平衡画面曝光。

5.3.1　高感光度有效提高画面亮度

　　感光度是由国际标准化组织规定的胶片对光线的化学反应速度，也是制造胶片行业中感光速度的标准。数码单反相机中的感光度也沿用了胶卷感光度指标这种方式，即以 ISO 100、ISO 200 的形式进行表达，数值越大，对光线的敏感度越大，画面也就越明亮。

ISO 感光度：

低感度	中感度	高感度	超高感度

50　　100　　200　　400　　800　　1600　　3200　　6400　　12800　　25600　　……

✍ ISO 感光度的分类

　　数码单反相机的 ISO 感光度的是通过调整感光元件的灵敏度或者合并感光点来实现的，也就是说通过提升感光元件的光线敏感度或者合并几个相邻的感光点来达到提升 ISO 的目的。

ISO：200

提示　数码单反相机有别于传统胶片最大的优势之一就是 ISO 的可变性。在传统胶片机器中，提升感光度只有使用高感光度的胶卷才能实现，而数码单反相机则具有众多 ISO 感光度的选择项可供选择。

✍ 数码单反相机中感光度的选择越来越多了

ISO：800

　　当画面出现曝光不足的情况时，只要设置较高的感光度就可以改善这种状态了。ISO 感光度加倍的同时，画面的亮度也会随之加倍。

5.3.2 低感光度保证画质更细腻

感光度数值的高低对画质的影响如下表所示。

ISO 感光度	低 ISO 感光度	高 ISO 感光度
图像锐利度	锐利	模糊
噪点表现	少	多
色彩饱和度	高	低
偏色现象	轻微	严重
灰阶层次	平顺	平顺
照片放大品质	优	劣

感光度的高低与画质的细腻程度是呈反比的。不论是传统的胶片，还是数码感光元件都有其相似之处，不同的是噪点的特性表现。在胶片上是通过加大感光粒子来增加感光度，即噪点的表现是以感光粒子大小来呈现的，也就是我们常说的感光度越高的胶片，在噪点的表现上颗粒比较大。由于感光元件的感光单元的大小是无法改变的，因而只有通过信号放大器，将电荷信号放大来达到感光度提升的目的。虽然电荷信号被放大了，带来了画面亮度的提升，但干扰信号也同样被放大了，因此照片上还会有很多数码噪点。

在数码单反相机上，虽然目前市面上的机器在高感光度降噪技术上有了很大的进步，但在一定范围内噪点还是干扰画质的一大因素。

使用较高的 ISO 感光度，噪点明显增多，画面中出现与真实场景不同的色块。

ISO：1250

在降低 ISO 感光度后，画面中的噪点明显减少，画质显得更加细腻。

ISO：200

5.3.3 感光度、光圈、快门三者的结合

下面分别将感光度、快门速度，以及光圈进行比较。

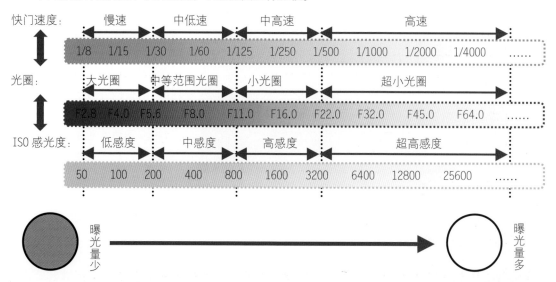

从上图中会发现它们都是从小到大，从低到高的顺序——对应的，表现为感光度越大，快门速度越高，光圈越小。如要想获得与 1/250s+F2.8+ISO 100 相同的曝光量，还可以进行如下的组合设置。

1/500s+F2.0+ISO100——快门降低 1 挡，光圈升高 1 挡

1/500s+F2.8+ISO200——快门降低 1 挡，ISO 升高 1 挡

1/125s+F4.0+ISO100——光圈降低 1 挡，快门升高 1 挡

1/250s+F4.0+ISO200——光圈降低 1 挡，ISO 升高 1 挡

1/125s+F2.8+ISO50——ISO 降低 1 挡，快门升高 1 挡

1/250s+F2.0+ISO50——ISO 降低 1 挡，光圈升高 1 挡

相同的曝光量

从这些曝光组合中不难看出，要想获得相同的曝光量，可以采用不同的组合方式。当然要想提升或降低画面的曝光量，对于这三大参数的调整也都是有技巧的。

当天色渐暗时，如果继续使用白天设置的曝光参数进行拍摄，画面虽然可以保持清晰，但会出现严重的曝光不足问题。

直接拍摄

快门：1/60s 光圈：F8.0 ISO：100

降低快门速度

在降低快门速度后，画面可能会由于快门速度不足，以及手持相机不稳产生的机震而导致画面产生了一定的模糊效果。

快门：1/15s 光圈：F8.0 ISO：100

开大光圈

采用开大光圈的方式，避免了相机的震动，但较大的光圈，会导致画面不够清晰锐利，甚至会使远处的物体给人一种模糊的感觉。

快门：1/60s 光圈：F4.0 ISO：100

提高 ISO 感光度

为了平衡机震及成像的锐利度等问题，这里选择了在一定范围内提升 ISO 感光度的方法，从而使画面最终产生了清晰锐利的成像效果。

快门：1/60s 光圈：F8.0 ISO：400

第6章 实现更多的创意拍摄

天空之景倒影于层叠的梯田之上，使得这一效果显得如此丰富多彩。

在数码单反相机中所提供的更多手动设置的高级曝光模式是非常实用的，在不同的测光模式下，又会带来不同画面效果。当然，要想获得更多创意的画面，曝光补偿的使用也是方便快捷的一种方式……

多彩的梯田 【光圈优先模式 光圈：F8.0 快门：1/50s ISO：100 焦距：50mm】

6.1 P 程序模式自动组合最佳曝光搭配

P 程序自动曝光模式，通常也是一种"对准即拍"的自动曝光模式，相机在该模式下会自动设定曝光即自动设置快门速度和光圈，从而得到适合被摄体及现场光线的准确曝光，常用于光照良好的日常拍摄。

可能有人会认为 P 程序模式相对全自动模式会显得有些多余，其实不然，P 程序模式还具有可编译的设置程序，除了可以调整快门速度与光圈的组合值，拍摄者还可以进行自动对焦、驱动模式等参数的设置。很多摄影师都使用该模式拍出过不少具备理想效果的照片，这也是为什么 P 程序模式仍然能在专业数码单反相机上存在的原因。

提示

虽然 P 程序模式能很好地根据被摄体处理相机设置，但也不能完全一成不变。在弱光环境下，相机的快门速度还是会变慢，并且 P 程序模式及其他高级曝光模式一样，内置闪光灯不会自动闪光，因此拍摄者根据需要按下闪光灯弹起按钮，进行闪光拍摄，或是提高 ISO 感光度。

✍ 以佳能 EOS 单反相机为例，从拍摄设置显示中可以看到除光圈、快门外，几乎所有参数都可以单独调整

在光线柔和的多云天气下，使用 P 程序模式的拍摄者可以利用相机自动生成的曝光参数，或是通过调整相机相关曝光参数，生成不同的曝光组合，从而获得如左图所示的曝光量的画面效果。

适当的曝光组合【程序模式 光圈：F7.1 快门：1/400s ISO：100 焦距：16mm】

在佳能 EOS 数码单反相机中，转动主拨盘便可以实现对 P 模式下的光圈、快门速度的联动设置

Canon 主拨盘

在尼康数码单反相机中，转动主指令拨盘，在出现 P* 的指示后，才能实现对 P 模式下的光圈、快门速度的联动设置

Nikon 主指令拨盘

6.2 快门优先模式自定义快门速度

要想在画面中表现动静之间的被摄体，拍摄者可以将模式转盘旋转至 S/Tv（快门优先自动曝光模式），便于快速控制画面中的运动物体，适用于运动摄影，从而产生不同的效果，并且可以避免因为降低快门速度而引起相机抖动造成的模糊问题。

6.2.1 高速快门捕捉瞬间的影像

快门速度要设置多高才能实现对运动被摄体的凝固，其实是需要根据被摄体而定的，并不是使用最高的快门速度就能解决的。

凝固不同运动被摄体的快门速度也是不同的，如下表所示。

✍ 除了光圈大小不能直接调整外，其他参数都可以调整

被摄体	最高凝固快门
散步的人	1/125s
慢跑的人	1/250s
快跑的人	1/500s
骑自行车的人	1/1000s
飞奔的马	1/2000s
时速 150 公里的汽车	1/4000s

在使用长焦镜头拍摄飞鸟这类运动物体时，设置较高的快门速度，不但可以保证对被摄体的凝固，同时还可以获得稳定的手持拍摄效果。

提示

在快门优先模式下，调校快门速度至镜头焦距相对的数值，如使用 100mm 镜头，所应使用 1/100s 的快门速度被称为安全快门，这就是保持手持拍摄的一个重要前提。

片刻之间【快门优先模式 光圈：F53 快门：1/500s ISO：160 焦距：195mm】

6.2.2 低速快门记录动态的过程

制造动感模糊效果也是使用快门优先模式的一大特色。拍摄者只有在低速快门下,才能获得运动模糊的画面,但这时手持相机必定会带来画面的机震模糊,因而为相机寻找稳定的支撑——三脚架是必要的。

动静之间【快门优先模式

光圈:F4.2 快门:1/2s ISO:200

焦距:48mm】

在拍摄运动类照片时,在设置了更低的快门速度后,并选择恰当的拍摄时机——汽车飞驰的瞬间按下快门按钮。此时运动的汽车晃动影像,以及车灯明亮的痕迹被记录了下来。

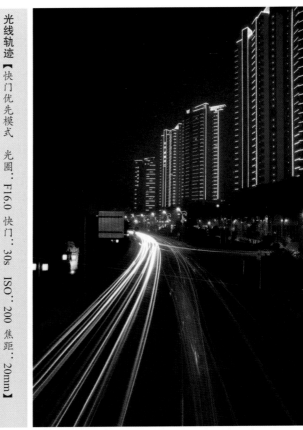

光线轨迹【快门优先模式 光圈:F16.0 快门:30s ISO:200 焦距:20mm】

拍摄者使用更长的曝光时间,画面反而可能会变得更平静。因为晃动的车身影像没有了,画面中仅显示了一条条车头灯和车尾灯留下的长长轨迹。

光圈最小时的闪烁,表示画面曝光过度

光圈最大时的闪烁,表示画面曝光不足

提示

当调节快门速度时,如果取景器中的光圈读数开始闪烁,说明此时相机无法获得准确的曝光。此时改变快门速度的快慢,或者更改感光度来解决这一问题。

6.3　光圈优先模式自定义光圈大小

　　要想虚化前后景或使远近物体显得清晰，需将模式转盘设定为 A/Av（光圈优先自动曝光模式）。该模式可以很好地控制画面中前后景的景深，适合拍摄大多数场景。

6.3.1　大光圈呈现虚实对比的效果

　　大光圈带来更强的虚实对比效果，可以更好地突出被摄体，这主要在于更大的光圈可以获得更小的景深。景深指的是被摄体焦点前后清晰的范围。在调整光圈的过程中，拍摄者还是要注意快门速度是否足以满足定格被摄体的动作，或是防止机身抖动。

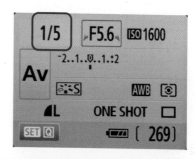

　　✍　除了快门速度不能直接调整，其他参数都可以调整

画面杂乱【光圈优先模式　光圈：F2.8
快门：1/320s　ISO：100　焦距：200mm】

　　左图在大光圈镜头的作用下，除被摄体外其他物体被虚化，从而显得主体突出。上图背景与被摄体距离太近，而得不到足够的虚化，从而使画面显得有点杂乱。

提示

　　如果拍摄者在光线明亮的情况下，使用光圈优先模式下的闪光拍摄，必须留意快门速度，开启闪光可能导致画面过曝，也可能出现如果相机的闪光不同步的问题。

凸显主体【光圈优先模式　光圈：F3.5　快门：1/160s　ISO：400　焦距：200mm】

　　✍　即使没有使用更大的光圈，当背景与主体之间的距离越大，则越容易被虚化，从而使主体得到突出

6.3.2 小光圈使所有影像都清晰

改变光圈设置就能赋予拍摄者想要的不同效果，比如将相机的光圈设置得更小，可以获得全景清晰的影像。若仅想光靠改变光圈，来影响画面的效果是不可取的，在拍摄中还可能会出现即使使用较小光圈，也无法使所有影像都清晰的情况。

对于拍摄像左图一样的风景类的被摄场景，往往使用能够获得更大景深的较小光圈进行拍摄，而在光圈优先模式下正好可以通过改变光圈来展现场景中更多被摄体，如前面的山水，以及远处的雪山云彩在这里都能看得很清楚。

全景清晰【光圈优先模式　光圈：F13.0 快门：1/250s ISO：100 焦距：85mm】

主体清晰【光圈优先模式　光圈：F5.6
快门：1/500s　ISO：200 焦距：300mm】

全景清晰【光圈优先模式　光圈：F5.6
快门：1/320s　ISO：100 焦距：70mm】

✍　在光圈相同的情况下，焦距越大画面的主体与背景的虚化越明显，反之，画面主体越不能被突出

提示：　画面景深的控制并不仅仅是光圈大小的作用，相机镜头的焦距及与被摄体之间的距离也是影响画面景深的另外两大因素。大光圈、长焦距、靠近被摄体，三者共同作用可以获得更小的画面景深，反之则会得到更大的画面景深。

6.4　手动模式实现更多自定义设置

在 M 模式下，拍摄者可以根据需要随意设定快门速度和光圈 F 值，用于拍摄连贯、可预知发展变化的事件。

对于长期使用相机的拍摄者可以精确控制画面最终的曝光，而对于初学者可能会显得有些不知从何下手。虽然相机中的曝光表会提醒画面过曝或曝光不足，但务必记住，这同时取决于所选用的测光模式及被摄体的明暗情况。

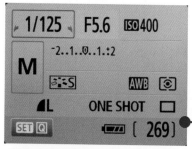

提示

在手动模式下，相机的参数完全由拍摄者定义。在拍摄不同场景时，由于参数不会像前面的模式自动进行调整，因而在完成一组拍摄或是移至不同光线环境时，应该养成重新设置相机参数的好习惯，否则，可能会导致照片曝光方面的错误。

准确曝光量指示标尺

曝光量标志

☑ 所有参数都可以任意调整

☑ 注意相机中的曝光表

适当的曝光【手动模式　光圈∶F7.1　快门∶1/200s　ISO∶100　焦距∶70mm】

在使用手动模式时，拍摄者可以先根据相机中的曝光量指示，拍摄一张准确曝光的画面，再根据自己的喜好调整参数补拍一张更具意境的画面。

林间透光【手动模式　光圈∶F7.1　快门∶1/100s　ISO∶100　焦距∶70mm】

6.5 数码单反相机的不同测光模式

测光是计测合适曝光量的过程，因而就需要通过测光工具获得正确的曝光值，从而拍到令人满意的照片。使用数码单反相机机身内部所具备的测光表已经能够满足日常的拍摄需要，这种测光表通常设有矩阵、中央重点、点测光3种基本的测光模式。

6.5.1 矩阵测光——获取平均测光值

矩阵测光，部分相机也称之为评价测光。它会根据整个场景中的所有物体的亮度、色彩、距离等组合，综合测取不同的曝光读数并计算出一个平均值，以获得一个普遍性的自然曝光效果。该模式的主要缺点是在复杂的环境下容易出现曝光失误，特别是在反差较大的逆光环境下最为明显。如画面上的天空可能会比前景中的被摄体显式得更加明亮而产生过曝；而在保证天空部分后，画面下方地面部分也很可能出现曝光不足的问题。

✍ 对整个画面测光

在顺光或是光比较小的多云天气情况下，使用矩阵测光可以获得比较准确的曝光效果。

矩阵测光【光圈优先模式　光圈：F8.0　快门：1/500s　ISO：100　焦距：16mm】

6.5.2 中央重点测光——针对重点区域测光

中央重点测光，也称中央重点平均测光模式。在该模式下，所测取的读数在考虑整个画面的前提下，更加偏重于画面中央部分的读数，因而在使用中央重点测光模式时，所拍摄照片中的被摄体最好处于画面中央的位置上。拍摄者在使用这样的测光模式时，会比较容易出现曝光不准的情况，因而在使用该模式测取读数后，还要结合后面要讲到的曝光补偿进行修善。

✍ 侧重画面中央测光

由于被摄体在画面的中央，因此这里使用中央重点测光模式可以在保证主体的同时，适当让背景得到一定平衡。

中央重点测光【光圈优先模式 光圈：F14.0 快门：1/100s ISO：100 焦距：40mm】

6.5.3 点测光——以一点为基准测光

点侧光，与部分相机中的局部测光类似，不过在测取读数时只考虑画面中更小的区域。点测光适合在一些特殊光线下，对场景中细小的部分进行测光，即使应用于背景很亮或很暗的高反差场景，也能保证被摄体正确的曝光。对于初学者而言，可能需要进行更多的练习，才能更好地找到在被摄体及所处环境中的哪个部分进行测光更加合适，并知道怎么去理解这些读数。

✍ 对需要准确曝光的地方测光

为了使人物获得适当曝光，对着人物的脸部进行测光可以保证获得适当的曝光量。

点测光【光圈优先模式 光圈：F2.8 快门：1/125s ISO：400 焦距：70mm】

提示.

很多拍摄者喜欢使用该模式，根据拍摄经验对画面中几个重要的部分进行测光，计算出一个具有代表性的读数，以确保更准确的曝光效果。

6.6 结合曝光补偿调整画面曝光情况

在了解了不同测光模式的特点之后，还需要适当结合曝光补偿，才可以使画面曝光更准确，或是得到拍摄者想要的曝光效果。其实对于即拍即看的数码单反相机而言，对于曝光的调整可谓十分方便——亮了就减、暗了就加等一些方法都是可以的。

6.6.1 增加曝光补偿使画面变亮

在对画面进行测光拍摄时，如果画面出现了比真实场景暗的情况，便可以增加曝光补偿继续拍摄，直到获得满意的曝光量为止。

直接拍摄【光圈优先模式　光圈：F8.0
快门：1/800s　ISO：100　焦距：16mm】

对着明亮的油菜花测光

增加0.7挡曝光补偿

由于画面中有大量明亮的部分，而拍摄者直接对着黄色的油菜花测光拍摄，会得到比较昏暗的画面效果，因而这里采取增加曝光补偿的方式才得到了正确的画面效果。

增加曝光补偿【光圈优先模式　光圈：F8.0　快门：1/500s　ISO：100　焦距：16mm】

6.6.2 降低曝光补偿有效压暗亮度

在对画面进行测光拍摄时，如果画面出现了比真实场景亮的情况，则可以采用降低曝光补偿的方式，直到拍到满意曝光量的画面为止。

直接拍摄【光圈优先模式 光圈：F4.0 快门：1/60s ISO：100 焦距：16mm】

⚲ 对着整体偏暗的画面进行测光

⚲ 降低 1.0 档曝光补偿

降低曝光补偿【光圈优先模式 光圈：F4.0 快门：1/125s ISO：100 焦距：16mm】

夕阳西下时，由于整个场景处于一种偏暗的效果，因而对整个画面测光肯会得到偏亮的曝光效果。为了在画面中更体现当时的氛围，拍摄者可以采取降低曝光补偿的方式，使画面曝光变暗，从而给人一种更具黄昏时的视觉感受。

提示

很多拍摄者可能碰到过设置了曝光补偿，却得不到曝光量改变的情况。这时候就需要拍摄者检查自己的拍摄模式，如果是在 M 手动曝光模式下就是正常的；如果不是，那么就需要查看看照片参数中的光圈大小或快门速度是否已经达到极限值了。

6.6.3 掌握白加黑减曝光补偿原则

遇到一些突发情况或为了节省调整时间，在拍摄之前就要进行准确曝光的参数设置。首先需要记住白加黑减的曝光补偿原则。其实这个标准早就在所有的测光系统中得到了统一，不论是相机内置的测光表，还是手持测光表，它们都是将被摄体以18%中性灰为标准测取读数。

白加黑减【光圈优先模式　光圈：F7.1　快门：1/400s　ISO：100　焦距：80mm】

对画面中亮部测光，画面曝光不足，但剪影效果明显

对亮部测光【光圈优先模式　光圈：F7.1　快门：1/800s　ISO：100　焦距：80mm】

对画面中暗部测光，画面略显曝光过度，但光线感十足

对暗部测光【光圈优先模式　光圈：F7.1　快门：1/200s　ISO：100　焦距：80mm】

针对这种明暗各半的场景，拍摄者可以直接对着画面的中性灰部分进行测光，或是直接使用矩阵测光都能获得不错的曝光效果。

提示： 根据测光原理，拍摄者直接在画面中找到中性灰是获得准确曝光的一个方法，而在不能确定时，可以根据被摄体测光区域的明暗倾向，进行相应的补偿设置。

第7章 利用镜头与滤镜实现更多拍摄效果

换一个"眼睛"看世界，我们会发现不一样的美。

对于数码单反相机而言，其另一大优势就是有众多可更换的镜头。人们总是习惯使用自己的眼睛去看世界，但当我们透过不同的镜头去观察身边的一切时，会发现别有一番精彩……

不同的"视"界【光圈优先模式　光圈：F2.8
快门：1/400s　ISO：100　焦距：24mm】

7.1 数码单反相机的不同类型镜头

数码单反相机镜头的分类方式有多种，这里以镜头的焦距、视角的可变性来划分。一般可以分为两种，一类是定焦镜头，一类是变焦镜头。

7.1.1 细腻的成像质量——定焦镜头

定焦镜头是只有一个固定焦距，只能得到一个视角的镜头。固定焦距镜头的优点和缺点如下：稳定的镜头结构带来细腻的成像质量，但在使用时只有一个固定焦距，导致视角不可变。因而在拍摄时只有靠拍摄者改变自己与被摄体的距离来实现不同的画面效果。

> 纽扣【手动模式 光圈：F2.2 快门：1/400s
> ISO：400 焦距：50mm】

✄ 佳能 EF 50mm F/1.4 USM

7.1.2 更方便的取景范围——变焦镜头

变焦镜头是在一定范围内可以通过变换焦距得到不同视角的镜头。该类镜头缺点为由于镜头结构的可变性，带来了不稳定的因素，对成像质量会产生一定负面影响；优点为拍摄者在同一位置取景拍摄，也能获得不同视角的画面。

> 展现更多景物【程序模式 光圈：F6.7
> 快门：1/180s ISO：200 焦距：17mm】

> 呈现的局部细节【程序模式 光圈：F5.6
> 快门：1/125s ISO：200 焦距：40mm】

✄ 适马 AF 17-70mm F2.8-4.5 DC MARCOOS HSM

7.2　不同焦段镜头的表现效果

在众多的摄影作品中并不是只用一支镜头就能完成全部拍摄的，在不同的场景及拍摄者不同想法等条件下，经常会用到不同焦距的镜头。由于它们有不同着不同的视角表现，因而特别是初学者就需要去了解不同焦段的镜头，以便选择满足自己需求的镜头，拍出想要表现的画面。

7.2.1　自然的表现效果——标准镜头

通常所说的标准镜头是在 35mm 全画幅下的 40~55mm 左右焦距的镜头，而到了数码时代由于 APS-C 画幅的普及，标准镜头的焦段则相应变成了 28~35mm 焦距的镜头。以上两者看似焦距不同，但它们在不同机型上的视角都在 45°~50°左右，因而它们的画面表现力基本是相同的。

标准镜头之所以被称为标准，还有一个原因是它能呈现出与人眼相似的视角，因而利用其拍出的画面往往能给人自然真实的视觉感受。

自然真实的感受【手动模式　光圈：F2.8 快门：1/80s ISO：400 焦距：50mm】

∅　适马 AF 50mm F1.4 EX DG HSM

提示

不要误以为与数码单反相机搭配的套头就是标准镜头，它往往只是包含了标准焦段的变焦镜头，而标准镜头通常指的是标准定焦镜头。

标准镜头通常也是定焦镜头，定焦镜头设计有较大的光圈，因而在靠近被摄体时，可以获得背景十分虚化的画面效果。

虚化的背景【手动模式　光圈：F1.4 快门：1/500s ISO：100 焦距：50mm】

7.2.2 宽广的视野——广角镜头

广角镜头是一种焦距小于标准镜头的镜头，其具有视角大和视野宽阔等优点，因此从同一视点观察被摄体的范围要比人眼看到的广阔得多。该镜头特别适合展示广阔的自然风景，以及表现高大的城市建筑，拍出的作品可以带来更多的视觉冲击力。

✍ 尼康 AF-S DX 17-55mm F/2.8G IF-ED

在 APS-C 画幅下使用镜头 17mm 的广角端进行拍摄，可以获得辽阔的视觉感受。

辽阔的视野【光圈优先模式　光圈：F13.0　快门：1/500s　ISO：200　焦距：17mm】

✍ 佳能 EF 16-35mm F/2.8L II USM

在 35mm 全画幅下使用镜头 16mm 的广角端进行拍摄，已经属于超广角的范畴，因而即使是在狭小的室内空间也能完成拍摄。

更强的透视【光圈优先模式　光圈：F2.8　快门：1/25s　ISO：400　焦距：16mm】

7.2.3 清晰的远距离对象——长焦镜头

长焦镜头又称望远镜头，即比标准镜头焦距更长的镜头。使用该镜头可以让我们看到更远处的被摄体，也可以放大眼前的被摄体，还可以截取被摄体的一小部分影像。这类镜头的焦距往往都比较长，比相同画幅的标准镜头明显长出许多。

✄ 佳能 EF 70-200mm F/4L IS USM

提示· 在焦距不够时，还可以使用增距镜来获得加倍的焦距，但光圈也会以相应的倍数缩小。

花海【光圈优先模式 光圈：F5.6 快门：1/250s ISO：200 焦距：70mm**】**

凸显主体【光圈优先模式 光圈：F5.6 快门：1/400s ISO：200 焦距：200mm**】**

通常我们所使用的长焦镜头，都是从中焦到长焦的一个变焦镜头。使用广角端可以用来展现众多的被摄体，而使用长焦端则可以将背景变成虚化的一片，并且视角的缩小使得被摄体能够更加集中进行呈现。

✄ 尼康 AF-S VR 变焦尼克尔镜头 70-300mm F/4.5-5.6G IF-ED

在使用长焦镜头时，即使是设置了较高的快门速度，足以凝固被摄体，但可能由于镜头过重，而难以获得稳定的画面，因而最好选择具备防抖功能的镜头。

飞行中的鹰【快门优先模式 光圈：F6.3 快门：1/500s ISO：160 焦距：300mm**】**

7.3 特殊镜头的独特魅力

除了定焦、变焦，以及常用的标准、广角、长焦等不同类型的镜头，还有一部分镜头由于其独特的成像特性，而被视为特殊镜头。

7.3.1 夸张的弯曲变形——鱼眼镜头

鱼眼镜头是一种焦距极短并且视角接近或等于 180°的镜头，也可以将其视为一种极端的广角镜头。为使镜头达到最大的摄影视角，这种摄影镜头的前镜呈抛物状向镜头前部凸出，与鱼的眼睛颇为相似，因而得名"鱼眼镜头"。鱼眼镜头又分为全景鱼眼镜头和对角线鱼眼镜头。全景鱼眼镜头将镜头所对方向 180°内的景物都容纳到一个圆形的画面中；而通常所使用的对角线鱼眼镜头只在两条对角线拥有 180° 视角成像。

即使是使用对角线鱼眼镜头拍摄，画面同样会呈现很明显的桶形畸变，使得原本场景中的直线也可能会变成曲线，这也是使用鱼眼镜头有趣的一面。

180°视野【光圈优先模式　光圈：F18.0　快门：1/50s　ISO：100　焦距：10mm】

图丽 A710-17mm F3.5-4.5 APS-C 画幅对角线鱼眼镜头图

佳能 EF-S 10-22mm F/3.5-4.5 虽然也有 10mm 的焦距，但它只是一支超广角镜头

提示：无论使用哪种鱼眼镜头，由于其视角广阔，在拍摄时注意尽量让镜头朝上一点，否则很容易将自己的脚也拍摄下来，而影响画面效果。

7.3.2　微观的细节呈现——微距镜头

　　微距镜头是最常见的特殊功能镜头，通常具有 1∶1 的放大倍率。由于镜头结构的特殊性，其最近对焦距离比普通镜头更近，使得这类镜头具有"焦外虚，焦点锐"的特点，因而在展现细小的物体及局部的细节上都有很好的表现力。

  佳能 EF 100mm F/2.8L IS USM 微距

　　在使用微距镜头靠近被摄体进行拍摄时，若使用较大的光圈，背景会显得非常虚化，此时画面的景深可能只有几毫米。

更小的景深【光圈优先模式　光圈：F5.6 快门：1/80s ISO：200 焦距：100mm】

  尼康 AF-S VR 105mm F/2.8G IF-ED 自动对焦微距镜头 S 型

　　在使用微距镜头拍摄时，为了获得更多的细节，往往需要将镜头的光圈设置得很小，因而微距镜头的防抖功能也是很重要的。但是一旦出现了光线不足的现象，为了保持更多的细节，还可以结合环形闪光灯来拍摄，以获得更加清晰锐利的画面效果。

更多的细节【手动模式　光圈：F11.0　快门：1/100s ISO：200　焦距：105mm】

7.3.3 动人的焦外光斑——折返镜头

折返镜头又称反射式镜头、反射远摄镜头，是超长焦镜头的特殊形式。由于它特殊的镜头结构使得其有较小的体积，却能获得较长焦距的成像效果能力。

✍ 佳 能 EF 100-400mm F/4.5-5.6L IS USM

在使用超长焦镜头拍摄时，随着焦距的不断增加，使得手持相机会变得越来越难端稳，导致照片模糊，经常都会使用三脚架来进行拍摄。

拉近被摄体【手动模式 光圈：F8.0 快门：1/320s ISO：100 焦距：400mm】

✍ 尼康 500mm F/8

更远的焦距【手动模式
光圈：F8.0 快门：1/200s
ISO：100 焦距：500mm】

在使用相对轻便的折返镜头拍摄时，即使拍摄者手持拍摄，也可以获得较清晰的画面效果并且在背景中被虚幻的光斑会以麦圈状的形式呈现。

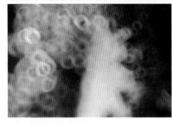

✍ 麦圈状的光斑

提示

在使用折返镜头，除了具有轻便的镜身及麦圈状的光斑等优势之外。在使用这类镜头时，需要注意它只有一个固定的光圈可供使用。

充分利用滤镜完善拍摄效果

从胶片时代到如今数码时代的数字化产品中，很多滤镜效果都能被数码相机中自带的功能或后期处理而取代，使得常用滤镜的使用次数大幅度下降。但在众多的摄影题材中仍有一部分要依靠滤镜并无法被后期处理取代的，而有些滤镜在数码时代的作用也变得不同，这些都是需要注意的。

7.4.1 保护镜头并过滤紫外线——UV镜

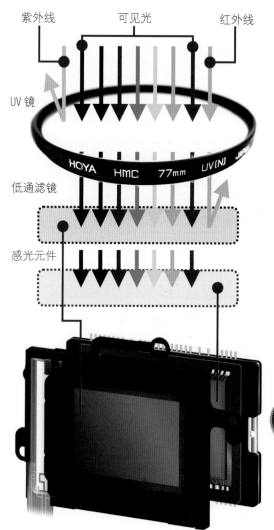

🖎 光线与UV镜的作用关系

由于自然光中除了由赤橙黄绿青蓝紫组成的白光之外，还有不可见的紫外线和红外线。在镜头前安装UV镜之后，如左图所示，不可见的紫外线则会被滤除在外，而红外线与可见光仍继续向镜头内传播。当光线通过镜头在到达感光元件之前，首先经过的是低通滤镜，这时不可见的红外线也会被滤除在外，最终只留下真正可见的光线到感光元件上影响图像的呈现。

数码单反相机的感光元件对紫外线并不像胶片一样敏感，并且在感光元件前的低通滤镜又增加了滤除红外线的功能，因而不可见光对数码单反相机并不会有太大的影响，这就导致了传统的UV镜在数码时代变成了"炮灰"。

🖎 多层镀膜的数码镜头

保护镜

提示： 现在市面上采用多层镀膜技术的专为数码单反相机镜头设计的保护镜，可以有效地隔离雨水、灰尘对镜头的影响，使得水滴或灰尘不会牢牢吸附在滤镜表面，而是被隔离在滤镜的镀膜之外。当滤镜遇到雨水或油渍的侵袭之后，水或油会以一颗颗的形式被隔离在滤镜之上，使得镜头不被污染，同时又非常容易清洁。

7.4.2　减弱强反光突出色彩——偏振镜

　　偏振镜又称偏光镜，其功能是选择地让某个方向振动的光线通过，在日常的拍摄中常用来消除或减弱非金属表面的强反光，从而消除或减轻光斑；同时还可以起到增强画面色彩的作用。偏振镜又分 PL 线偏和 CPL 圆偏两种，通常我们使用可调的 CPL。

偏振镜滤除 0% 偏振光的效果

偏振镜滤除 100% 偏振光的效果

偏振镜滤除 0% 偏振光的效果

偏振镜滤除 50% 偏振光的效果

偏振镜滤除 75% 偏振光的效果

偏振镜滤除 100% 偏振光的效果

> **提示：**
> 　　如拍摄天空，相机镜头所对天空与太阳的夹角成 90°时，才能获得最佳的拍摄效果；而拍摄水景，则要保持相机镜头与水面呈 30~40°的夹角，才能更好地过滤水面反光。

7.4.3　减少进光量降低快门速度——中灰密度镜

ND 镜

中灰密度镜又称减光镜，简称 ND 镜。其作用是非选择性地过滤光线，即对各种不同波长光线的减少能力是相同的，只起到减弱光线的作用，而对原物体的颜色不会产生任何影响，因此还是可以真实再现景物的反差。

使用 ND 镜，使得画面中的溪流更多细节得以再现

未使用滤镜时的溪流产生过曝效果

更长的曝光时间【手动模式　光圈：F16.0　快门：1.6s　ISO：100　焦距：50mm】

在需要延长曝光时间拍摄溪流或流动的车流时，相机的参数已经设置了最小的光圈及最低的 ISO 值，若仍然无法达到所需的拍摄效果，这时可以使用 ND 镜，使得画面中较亮的部分免除过曝的问题，而获得更加合适的曝光量。

提示：　当感觉画面的亮度过大时，拍摄者还可以使用更高减光级数的 ND 镜。当然也可以叠加使用多枚 ND 滤镜，如右图所示，光线在经过减光 2 级的 ND4 和减光 1 级的 ND2 之后，其减少的量是两枚滤镜减光量之和的 3 级。

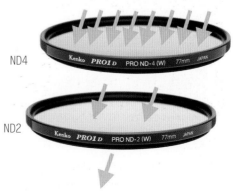

ND4

ND2

7.4.4 改变照片的色彩与影调——特殊滤镜

彩色滤镜

彩色滤镜可以使画面具有不同的色彩倾向，即景物在罩上一层色彩之后将产生特殊效果。这种滤镜更适用于影像轮廓鲜明的构图及剪影拍摄，让画面产生统一的色调，有助于为画面增添气氛。

未使用滤镜

使用黄色滤镜

使用橙色滤镜

提示

虽然在后期处理中可以为照片增加一些滤镜效果，但对于摄影而言，直接拍摄与后期制作的感受是不同的。

使用蓝色滤镜

渐变镜是一种比较特殊的中灰密度镜，这种滤镜的构造为下半部分为透明的镜片，向上逐渐过渡到其他的色调，如渐变灰、渐变蓝和渐变红等。一般有圆形渐变镜和方形渐变镜之分，其中对更加便于调整的方形渐变镜使用次数较多。

渐变镜

未使用滤镜

使用中灰渐变镜

✍ 渐变镜有效地平衡地面与天空的明暗反差，还可以增添天空的色彩

曲直线条 【手动模式 光圈: F7.1 快门: 1/160s ISO: 100 焦距: 24mm】

完善数码照片的拍摄

3

照片能保存人们的美好回忆：比如那些不经意间的欢乐与幸福，都将随着窗外的歌声，悄悄书写在一个随时可以被唤起的角落；即使经过岁月的洗礼，当年迈眼花坐在藤椅上欣赏这些美丽画面时，依旧会忆起当年的拍摄场景，耳边仿佛还能听见当时的声音。

摄影是一种具有灵性的创作性活动，哪怕面对同一场景，通过取景器的晃动都能获得不同效果的画面。光赋予画面更为神奇的魅力，它是万能的"绘笔"，结合动人的色彩元素，一幅幅鲜亮、动人、涵义深刻的画面纷纷浮现在每个人面前。

第8章　合理构图让画面更精彩

第9章　掌握重要的用光技巧

第10章　熟悉色彩对画面的影响

第8章 合理构图让画面更精彩

放眼望去，蓝天山水相依而伴，顿时会有一种永无止尽、无比开阔的感觉。

地平面的水平线构图使画面显得无比宽广，给人一种心平气和的舒适享受；蓝蓝的天空中几缕呈放射状轻薄如纱的白云，力求引导人们走向更为辽阔的地方，从而追寻自己的梦想。

追寻梦想【光圈优先模式　光圈：F16.0　快门：1/160s
ISO：100　焦距：17mm】

8.1 寻找画面中的点

一个画面中的点并不是以尺寸大小来衡量的。在同其他元素比较之下，只要在画面中能起到凝聚视线的作用，即可称之为画面的点。在进行构图拍摄时，寻找画面中的点，也就是通过点的形式来强调主体，使其更具画面凝聚力或让整个画面产生某种特定情境。

8.1.1 黄金分割法构图安排主体的最佳位置

把一条线段分割为两部分，使其中一部分与全长之比等于另一部分与这部分之比。这个比例划分即为通常所说的黄金分割，交点即为黄金分割交点。黄金分割法不仅体现在绘画、雕塑、音乐、建筑、摄影等艺术领域，而且在管理、工程设计等方面也发挥着不可忽视的作用。

在这里以一蓝色正方形为例，将其底边分为二等分，取中点 X，而 Y 为蓝色正方形右上方的顶点。以线段 XY 为半径绘制圆形，其与正方形底边的直线延长线交于 Z 点。此时正方形右下角顶点 D 即为底边 AB 的黄金分割点，如下左图所示。在构图时，将其进行演变即可用于摄影构图中。下右图所示的矩形，从其顶点 E 出发，向矩形的对角线作垂直线交于 M 点，那么 M 点即为该矩形黄金分割点，可将要拍摄的主体置于该位置上。

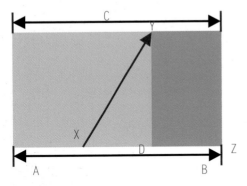

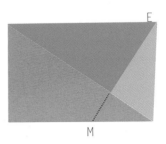

根据矩形的 4 个顶点，可以分别找到画面中的 4 个黄金分割点。拍摄者可将拍摄对象放置于黄金分割点上，根据拍摄的需求采用不同的构图方式，从而获取满意的画面效果。

✍ 黄金分割点在左上角　　　　　　　　✍ 黄金分割点在左下角

✍ 黄金分割点在右上角

✍ 黄金分割点在右下角

　　不管是绘画还是摄影，黄金分割法均应用得十分广泛，用这样的构图方式，使得景物的某个点处于画面的黄金分割点上，可将画面的美感准确地表达出来。使用黄金分割法构图能够让画面看上去更为舒适，具有和谐美。在拍摄时，可以将主体的某个重要位置处于画面的对角线上，然后偏离画面中心进行拍摄，以快速获取黄金分割法构图。

✍ 将小狗置于黄金分割点上

　　上图中的小狗穿着绿色的衣服，鲜艳的色彩使其成为画面中的亮点。通过抓拍小狗抬头仰望的动作神态，可传递给人们一种对感情的深度领悟。将小狗置于画面的黄金分割点上，使画面的情感更有凝聚力。

期盼的小狗

【光圈优先模式

光圈：F5.6

快门：1/400s

ISO：100

焦距：70mm】

8.1.2　中央构图突出主体对象

中央构图也称圆形构图，可以将主体看作为画面中的一个点，这样的构图方式是强行将被摄物体置于画面中心，它可以起到加强观赏者对主体印象的作用。这样的构图方式适合于表现被摄对象细节的特写镜头。

左图中将鹦鹉置于画面的中心位置，使其成为画面的中心亮点，引人注目。鹦鹉身上的背景轮廓光将它很好地与背景分离开，从而突出其主导地位。

寻思中的鹦鹉

【**手动模式**

光圈：F4.0

快门：1/80s

ISO：100

焦距：60mm】

🖎 画面中的鹦鹉处于中心位置，能够更好地突出其特征

🖎 花朵在画面中形成中央构图，具有更好的凝聚力

右图中的黄色花朵恰好呈圆形，将其置于画面的中心位置使其更加醒目，而且各个特征细节均清晰可见。主体的颜色较为鲜明，而背景色彩较为暗淡，这种结合明了的主次关系，可提高主体吸引力。

艳丽的花朵

【**光圈优先模式**　光圈：F5.6

快门：1/1000s　ISO：400

焦距：45mm】

8.1.3 棋盘式构图表现重复统一的效果

顾名思义，棋盘式构图是指画面的构图方式犹如棋盘上摆放的棋子，使多个景物以点的形式在画面中重复出现。这种方式能让画面中的物体之间有着直接或间接的呼应关系，从而达到均衡统一的画面效果，并通过重复的方式突出主体，增强画面的视觉冲击力。

下图中的酒柜上整体地摆放着各类酒品，在灯光的照射下，形状色彩各异的酒瓶拥有着不同程度的光泽感。这种通过重复的多个个体以点的形式出现在画面中，可以强调画面的结构美，赋予画面强烈的节奏感。

酒吧一角　【光圈优先模式　光圈：F7.0　快门：1/1000s　ISO：400　焦距：60mm】

  ☑ 适当地灯光能够更好地表现画面中的主体

  ☑ 酒瓶上由于反光而形成的高光能赋予酒瓶光泽质感

  ☑ 整齐排列的酒瓶在画面中形成棋盘式构图，强调画面结构美

提示

通常单一的主体能够更好地吸引观者眼球，但拍摄众多重复的物体时，可采用棋盘式构图方式，此时虽然无法强调某一个物体的特征，但通过重复统一的特点可突出节奏感。

8.2 画面中线条的安排

将画面中的多个点连接在一起，就可以形成画面中的线。可以将线理解为两种：一种是具体、直观的线条；一种是抽象的线条。不管是哪种线条都具有迷人的魅力，许多拍摄画面都表现出线条的不同变化。在摄影中，线条关系到画面的整体效果，它可以改变画面的构图，也可以直接影响画面的美感。线的种类多样，有垂直线、水平线、斜线、曲线，还有各种线条的组合等。

8.2.1 水平线构图具有宁静感

水平线构图是常见的构图方式之一，表现为画面简洁、明了，同时画面也具有较强的平衡效果，因此被用于众多的拍摄题材中。由于水平线构图可以展现宽广的场景和突出画面宁静的氛围，是拍摄大海、草原等自然风光常采取的构图方法。

| 辽阔的海景 | 【程序模式　光圈：F20.0　快门：1/1600s　ISO：640　焦距：22mm】 |

✍ 借助水平线构图拍摄海景，能够烘托出大海和天空的宁静氛围

上图中使用水平线构图法表现了辽阔的海景，广阔的天空占据了画面 2/3 的面积，与大海汇聚为一条水平直线，能够更为形象地突出画面的宽广，同时还能展现海面的宁静氛围，突出海景的壮丽。

8.2.2 垂直线构图表现垂直空间感

通常情况下，为了营造画面高大的视觉效果，可运用垂直构图方式。垂直线构图在视觉上给人以整齐的韵律感，拍摄者借助这一构图方式可以很好地展示出山脉的高大、城市建筑的雄伟、树木的挺拔等画面，突出被摄对象不同的姿态，同时呈现不同的画面效果。

✍ 使用垂直构图将大树纳入画面中心位置，通过垂直景物的描绘展现画面垂直空间感

左图中的大树在阳光的照射下色彩显得十分浓郁，拍摄者以竖画幅取景拍摄，使得画面形成垂直线构图，能够借助大树的各个细节展现画面中的垂直空间感。同时将大树纳入画面的中心位置，增强大树的表现力，突出大树高大挺拔的姿态，并强调树木独特的生长造型，给人留下深刻的印象。

独特的苍天大树 【光圈优先模式 光圈：F5.6 快门：1/50s ISO：100 焦距：23mm】

8.2.3 斜线构图为画面注入活力

斜线构图具有不稳定的特点，借助这样的构图方式能使画面更加具有新意，给人独特的视觉感受。利用斜线式构图可让平凡的画面产生三维的空间视觉效果，增强画面的空间透视感和立体感，使画面充满动感和活力，同时还可以为画面线条带来变化，避免构图呆板。

左图使用低角度表现蓝天下的沙漠景象。沙漠边缘由多个斜线条组成，从沙漠顶端向四周延伸。无论是沙漠上行走的人物，还是细沙本身，都给人一种不稳定的视觉感受，营造出画面的动感。

浩瀚的沙漠

【程序模式　光圈：F5.6

快门：1/4000s　ISO：400

焦距：35mm】

☑ 斜线构图可营造画面动感，表现一种不稳定的情绪

☑ 花卉的斜线构图使得城市风景更显生动活泼

右图使用广角镜头低角度拍摄城市景象。借助鲜艳的花卉，使其呈现斜线构图，不仅能为城市风景增加喜庆的元素，还能借助斜线构图所带来的灵动感使画面看上去更生

城市丽景

【光圈优先模式

光圈：F6.4

快门：1/640s　ISO：100

焦距：17mm】

8.2.4　曲线构图展示优美的线条

　　曲线构图方式不同于直线、斜线构图法，它是由弯曲而圆润的线条形成的一种构图方式，能更好地表现被摄体的韵律和曲线美。常见的曲线有 S 型曲线和 C 型曲线，即使不同的曲线构图也有不同的视觉感受。S 型曲线更为强调柔美感，如女性身体曲线、乡间小路等，而 C 型曲线则更为强调一种张力感，如海湾、河流等。无论是哪种曲线，都可以让观者的视线随着弧线的变化而转移，发挥引导和延伸的作用。

　✍ C 型曲线构图具有较强的张力，暗示着天空的无限宽广和延伸，给人留下更多的遐想

屋外的天空　【手动模式
光圈：F8.0　快门：1/250s
ISO：100　焦距：17mm】

　　上图中以圆弧形的屋顶作为前景，仰角度拍摄天空，恰好形成 C 型曲线构图。C 型曲线具有很强的张力，产生一种向 C 型开口处无限延伸的感觉，可用来表现天空无限宽广的特点。屋顶的暗色调与天空纯净的蓝色形成对比，可更有效地突出天空色彩。

✍ 优美的S型曲线

　　右图中拍摄者从较高处俯拍蜿蜒的河流，将河流 S 型曲线很好地纳入画面。借助 S 曲线柔美的特征，不仅能够表现河流优美的形态，还能引导观者视线的变化转移。

蜿蜒的河流　【手动模式　光圈：F5.6　快门：1/45s　ISO：100　焦距：70mm】

8.2.5 放射线构图增强视觉冲击力

放射线构图是由一个点或者多个点作为画面的中心点，并以射线的形式向四周发散的构图方式。这种构图法能引导观者的视线延伸，突出表现拍摄主体。拍摄出的画面具有强烈的韵律感，能很好地表现开放性和活跃感，突出画面主体和陪体的区别。

下图为晴朗天气下所拍摄的画面，大面积的阴影赋予画面光影效果，使得画面更为生动有趣。天空中的丝丝白云使画面具有放射线构图的特点，由画面深处向四周延伸出呈放射状线条的白云，使得画面看上去更为开放和宽广。

美好的一隅　【手动模式　光圈：F11.0　快门：1/160s　ISO：100　焦距：17mm】

☑ 天空中的白云呈现放射状构图，为画面增强了开放性效果，使得视野得到延伸

☑ 大面积的阴影赋予画面光影魅力，让景物看上去更有趣

提示

在生活中具有放射线构图的景物有很多，如盛开的鲜花花瓣、淋雨的莲蓬、透过云层散射下来的日光等。有一双善于发现的眼睛，可以抓住更多精美的画面。

8.3 呈现画面中的不同面

面的概念可以理解为扩大的点、加宽的线、移动的线以及点的密集集合等，还可以是线环绕出各种不同形状从而构成的面。面是由面积和造型组成的，最基本的面有方形、三角形、多边形、圆形等，它们各自具有不同的特性和使用范围。

8.3.1 三角形构图增强安定感

三角形构图是摄影中基本的构图方式之一。不同形状的三角形构图能够给人不同的视觉感受和心理感受。通常情况下，正三角形构图稳定性最强，多用于表现画面景物的稳定性。因此使用三角形构图可以增强安定感，多用于表现山脉、建筑等壮丽的景物。

稳定的三角形构图所构建的屋顶，给人一种高高耸立的牢固感觉

右图以蓝天作为画面背景，显得干净而整洁，天空中的月亮为画面增添一抹亮色。高大的建筑直冲云霄，屋顶恰好形成三角形构图，能够突出建筑牢固、稳定、挺拔的特征。拍摄者使用长焦镜头将屋顶拉近拍摄，还可以突出屋顶的细节特征，从构造、纹理、图案、色彩上展现了具有异域风情的建筑美。

建筑艺术美 【光圈优先模式

光圈：F4.5 快门：1/200s ISO：100

焦距：18mm】

8.3.2 倒三角构图给人紧张的压迫感

倒三角构图为三角形构图的逆向构图，表现倒塌的不稳定感，用于塑造图像的动态效果。由于倒三角构图的整个受力面仅为一个点，因此容易产生不稳定、易晃动的感觉，从而给人一种紧张的压迫感。巧妙地利用倒三角构图所带来的心理感受，再选择合适的拍摄环境从而将这种紧张感渲染得更好，能够让画面获得更为强大的冲击力。

下图以蓝天作为画面背景可加强主体的表现力，仰角度拍摄展翅飞翔的白鸽，利用倒三角形构图所带来的紧张压迫感，突出鸽子从上空飞过时所带来的力量感，使人们心中为之一振，仿若鸽子正朝自己飞来，营造感同身受的真实感。

高傲的白鸽 【手动模式 光圈：F5.0 快门：1/1000s ISO：100 焦距：39mm】

✍ 选择蓝色天空作为画面背景，能够增强主体的凝聚力

✍ 上空展翅高飞的白鸽形成倒三角形构图，该构图的不稳定性给人带来紧张的压迫感，仿若白鸽正朝自己飞来，从而增强画面主体的视觉冲击力

提示 不同的三角形构图会给人带来相应的视觉感受，如正三角形更加稳定，而倒三角形可增强严肃的画面效果，灵活运用各个构图可以创作出更好的作品。

8.3.3 框架式构图集中观看者的视线

框架式构图表现为在画面中适当地纳入前景，并使前景围绕被摄主体，形成一个相对完整的画框，以此突出主体。比如在拍摄时，利用门、窗等物体进行画面构图安排。框架式构图可避免杂乱物体的纳入，同时增加画面的远近层次感，并通过影调的变化来衬托主体。

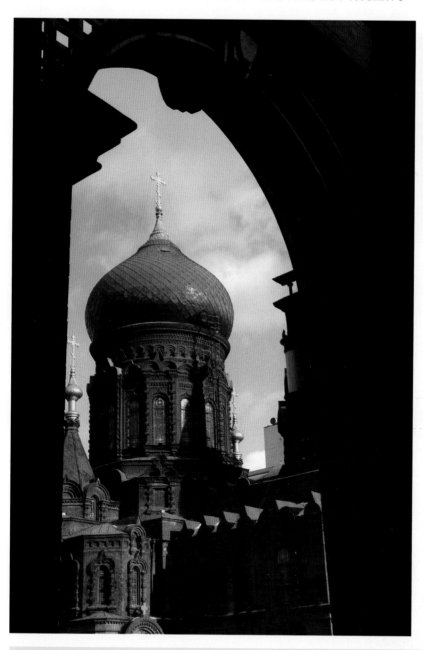

✍ 使用框架式构图拍摄景物，明暗对比强烈，加强主体表现力

✍ 框架式构图使画面具有前景，能够增加画面的远近层次感

左图借助门框拍摄索菲亚教堂，使其形成框架式构图。门框的暗调与主体的明调形成鲜明对比，能够加强主体凝聚力，赋予画面艺术魅力。借助门框，还能将画面的远近层次感衬托出来，使得景物在画面中也能具有空间感。

索菲亚教堂 【手动模式 光圈：F7.1 快门：1/640s ISO：100 焦距：20mm】

8.3.4　隧道式构图强调明暗细节

隧道式构图可表现强烈的明暗对比效果，画面中的亮区和暗区恰好形成隧道式形状。在使用隧道式构图进行拍摄时，要注意亮色调的比重不能过大，应使用适合整个画面的明暗比率，通常不能超出画面中心的 1/3。适合隧道式构图的代表性摄影题材应是溪流的流淌画面，通过亮色调的水和暗色调的岩石，以色彩的对比和明暗的差异，赋予了画面生机。

隧道式构图明暗对比突出

左图借助桥洞进行拍摄，逆光下的桥洞形成拱形暗部区域，洞外则为明亮的风景画面，通过二者强烈的明暗对比可更好地突出景物细节。

桥洞中的风景　【光圈优先模式　光圈：F8.0　快门：1/250s　ISO：80　焦距：12mm】

明亮的水花与暗部岩石形成隧道式构图

右图表现山间溪流从高处下落时所形成的白色水花，恰好与周围的岩石形成鲜明的明暗对比。这种由隧道式构图带来的色彩对比和明暗差异使画面更显生机。

美妙的溪流　【光圈优先模式　光圈：F14.0　快门：1/6s　ISO：100　焦距：17mm】

8.4 画面空间立体感的营造

照片是二维平面的画面，但在拍摄的过程中，需要将三维立体的景物呈现在其中。如何使景物更加贴近真实，与真实所见更加相近，需要使用不同的拍摄手法，将画面元素进行合理安排与组织。空间立体感的呈现是使画面具有表现力的一种手法。

8.4.1 借助大小对比展现空间

画面中的被摄对象在画面中的远近距离不同，也会形成大小不同的对比效果。拍摄时，可以借助这一画面特征来取景构图，增强画面的空间立体感。

下图婚礼场景中一束束鲜花整齐地进行摆放，由于各个花束均为同一大小，顺着花朵的方向进行拍摄时，越靠近镜头的花朵越大，而越远离镜头的花朵则越小。通过这种近大远小的对比，将画面空间深度感很好地表现出来。

ℳ 画面中的鲜花靠近镜头的则显得较大，而远离镜头的花朵则显得较小，从而突出画面空间深度感

ℳ 借助背景的虚化，可更好地渲染空间距离

婚礼花束 【光圈优先模式 光圈：F5.6 快门：1/50s ISO：1600 焦距：80mm】

8.4.2 借助前景和背景突出空间层次

前景是指画面中位于主体之前，靠近镜头的景物。背景是指画面中位于主体之后，远离镜头的景物。实际上，前景和背景就是画面中的主角和配角，没有配角的画面就像一部一个人表演的电影一样，会显得乏味、单调，而缺少主角的场景拍摄也没有意义，它们之间只有更好地搭配才能产生漂亮的好照片。这种前景和背景在画面中还能起到视觉引导的作用，使得画面远近层次感被凸显出来。

✍ 利用前景和背景对比突出画面空间距离

左图表现正在飘雪的风景画面，纳入红色的树叶作为前景，远处高山为背景，不仅能丰富画面内容，还能从雾蒙蒙的雪天中衬托出空间感。

飘雪的九寨沟 【手动模式 光圈：F6.3 快门：1/640s ISO：200 焦距：30mm】

✍ 前景和背景对比，突出画面深度空间

右图中的前景以剪影形式呈现，远处的高山和天空作为背景，通过前景和背景景物间的大小对比，也能展现出画面的空间深度感。

高原上的经幡 【光圈优先模式 光圈：F8.0 快门：1/400s ISO：80 焦距：16mm】

8.4.3 远近构图法突出距离感

这是和作为欧洲绘画风格源流的空气远近法相同的构图法，代表范例为平角度拍摄笔直的道路，靠近镜头的道路看上去十分宽敞，越是远离镜头的道路就会越窄，能够表现出远近感和立体感。构图时的要点是将特征性的素材配置在视线所朝向的方向。

具有线性汇聚感的阶梯，近宽远窄，突出远近构图法带来的距离感

通天阶梯

【光圈优先模式

光圈：F11.0

快门：1/200s

ISO：100

焦距：17mm】

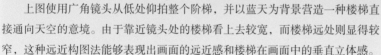

上图使用广角镜头从低处仰拍整个阶梯，并以蓝天为背景营造一种楼梯直接通向天空的意境。由于靠近镜头处的楼梯看上去较宽，而楼梯远处则显得较窄，这种远近构图法能够表现出画面的远近感和楼梯在画面中的垂直立体感。

利用远近构图法拍摄的道路

右图采取低角度展现宽敞的道路，靠近镜头的道路无限扩展，而远离镜头的道路则将汇聚在一起，通过道路延伸的这种变化，强调空间距离感。

康庄大道 【手动模式 光圈：F10.0 快门：1/400s ISO：100 焦距：21mm】

8.5 尝试更多不同的取景手法

取景就是运用相机的取景器或是液晶屏选取被摄对象构成画面；而好的构图方式就是对画面合理地布局，即运用被摄对象的形、质感等元素合理地组合画面。掌握了对点、线、面的认识，可以提高拍摄者对画面的主体意识，取景是为了让画面更具影响力，获得更精彩的景象，从而结合更多不同的取景手法，来完善自己的构图意识。

8.5.1 平拍表现直观的景物细节

平拍指的是以水平视角拍摄，能更加自然真实地表现被摄对象，直观地突出景物各个细节。虽然平拍不容易赋予画面戏剧性的变化，但也是大家最常用的拍摄手法，它最为符合人类眼睛的观察习惯。

平拍展现拍摄者眼前最为真实的景象

上图以平角度取景展现美丽的风景画面，将眼前的水面、远方的高山和天空云朵同时纳入画面，结合色彩和光线共同展现优美的拍摄环境。平角度拍摄可将眼前最为真实的一面呈现出来。

靓丽的高原风景
【手动模式
光圈：F8.0
快门：1/60s
ISO：80
焦距：20mm】

8.5.2 仰拍表现夸张的宏观景象

仰拍指的是从较低的角度仰视拍摄，会使被摄体出现下大上小的变化，焦距越短、距离被摄体越近，这种变化会越明显。仰拍可夸张被摄体的高度，使被摄体显得高大、挺拔，表现一种夸张的宏观景象。

左图使用仰角度表现具有中国特色的古镇建筑细节，强调该建筑的独特造型。结合多变的天空展现顶天立地的宏观景象。

仰拍可烘托建筑的气势

斜线构使主体更显灵动

顶天立地 【程序模式 光圈：F6.3
快门：1/640s ISO：80 焦距：12mm】

仰拍表现楼梯的陡峭和险要

右图使用仰角度表现陡峭的石质阶梯。通过仰拍能够有效地将阶梯的险要地势表现出来，如同阶梯垂直而上，并引导观者视线随着阶梯而转换。

陡峭的阶梯 【光圈优先模式 光圈：F8.0
快门：1/800s ISO：100 焦距：16mm】

8.5.3 俯拍表现完整的全景面貌

　　俯拍即从较高的角度俯视拍摄，会造成被摄体上大下小的变化，当焦距越短、越靠近被摄体时，这种变化越明显。在拍摄风光时配合短焦距使用俯拍视角可拍摄出气势宏大的全景，而拍摄人像时使用俯拍可表现出人物富有亲和力的特点。

左图中拍摄者从高处俯拍辽阔的岸边海景。结合广角镜头俯拍角度拍摄能够纳入更多的景物，表现更为壮观的景象。同时靠近镜头的海岸被夸张放大，在明媚阳光的照射下可更好地强调色彩，给人带来强烈的视觉冲击力。

海岸边的景象 【光圈优先模式 　光圈：F9.0 　快门：1/800s 　ISO：100 　焦距：16mm】

右图中以人物作为画面主体，女孩穿着洁白的裙衣坐在岸边的廊桥上，给人一种十分清新自然的感受。结合俯角度拍摄可以拉近女孩与观者的距离，突出其可爱的面部表情，能够使人物与环境巧妙地融合在一起。

白衣女孩 【光圈优先模式 　光圈：F5.3 　快门：1/800s 　ISO：400 　焦距：62mm】

8.5.4　开放式构图延伸想象力

开放式构图不再把画面框架看成与外界没有联系的界线，这种画面的构图注重与画外空间的联系。除了可视画面以外，还存在着一个虚的不可视画外空间，由此来引导观者突破画框限制，产生画外空间联想，达到突破画框局限的目的，从而增加画面的内容容量。

下图为拍摄的黄色花朵。这里只纳入花朵部分形态，以开放式构图将其呈现在画面上，为观者留有更多的联想空间。同时采用点测光模式，对花朵进行准确测光并曝光，背景以单色呈现，增强主体的画面表现力。

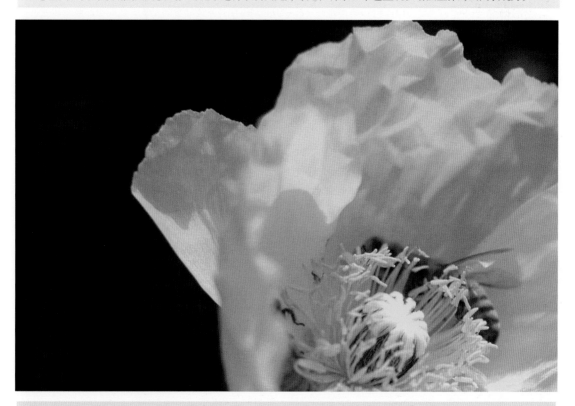

绽放的花朵　【光圈优先模式　　光圈：F5.6　　快门：1/1600s　　ISO：200　　焦距：50mm】

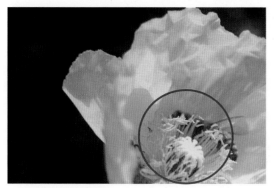

✍　使用点测光模式对花朵进行测光，使花朵曝光更为准确

✍　半开放式构图让想象力得到延伸

提示　通常在拍摄花卉、风景、人像时，会因为拍摄时的构图不当而影响画面整体效果，此时就需要通过后期的裁剪进行二次构图，这样获取的画面效果别具一格，使观者有更多的想象空间。

8.5.5 寻找更多抽象的图案

在自然界中，图案随处可见，其是由一些特定的成分重复而形成的——一般来说都是形状的组合，但有时也会由形态、纹理或颜色形成。图案的重要性在于，当看到它时，会立即吸引观者注意力，使视线难以离开。因此要学会发现更多的图案，那些具有抽象性的图案更容易带来很强的冲击力，使观者很难注意到图案以外的东西。

下图高原上的石头表面生长着一种特殊的植被，鲜红的色彩依附在石头上，仿若石头"生了锈"。拍摄者通过靠近拍摄取景，可增强画面色彩的表现力，石头上的刮痕使其形成抽象的图案，从而引起观者注意，给人们留下更多的想象空间。

"生锈"的石头 【程序模式 光圈：F11.0 快门：1/500s ISO：640 焦距：56mm】

- ✍ 毛绒状的红色植被使得石头仿若生锈
- ✍ 石头上的刮痕在红色植被影响下形成抽象的图案，容易引起观者好奇心
- ✍ 靠近拍摄能够获取更多的画面细节，带来强烈的视觉冲击力

提示 在拍摄具有抽象图案的画面时，采用特写的手法容易使景物显得更为夸张，使人无法辨认景物的属性。

第9章 掌握重要的用光技巧

在那浩瀚的蓝天下面，美丽的风景让人着迷，金灿灿的阳光使得沙漠中的建筑熠熠生辉，衬托出它那独特的造型。

光是影像的来源，没有光就没有摄影。光线可以展现被摄体丰富的细节、细腻的色彩，也可以赋予画面不同的情感与效果。了解光线和光线与色彩间的关系可获得更加精彩的画面。

光影之城 【手动模式 光圈：F8.0 快门：1/125s ISO：100 焦距：31mm】

9.1 光线的不同种类

用于摄影的光线种类很多，拍摄之前要根据表现意图以及拍摄环境的条件选择合适的光线。本小节将分门别类介绍常用的摄影光线，帮助读者了解它们不同的特性以便在拍摄中灵活运用。

9.1.1 自然光

自然光是指天然光源发出的光线，区别于人造光。日光、月光、星光都属于自然光，其中摄影中使用较多的是日光。日光发光强度高、照射面积广，是拍摄风光等景别较大的画面时必不可少的光线。不过日光的强度、光质、光位会因时间、季节、地理位置的不同而变化，要利用自然光线首先要顺应自然光的特点。

左图中阳光明媚，天空显得十分蔚蓝，在充足的光线照射下，画面中的树叶显得十分明亮且色彩浓郁。借助强烈的太阳光不仅照亮了各个景物，还赋予了它们美妙的光影效果。

自然风光

【光圈优先模式

光圈：F16.0

快门：1/250s   ISO：100

焦距：17mm】

右图中金色的阳光照射在梯田的水面上，使其呈现为闪亮的金黄色，与画面中的其他景物的黑色形成鲜明的色彩和光亮对比。黄昏时日光强度较低、照射角度低、色温降低，从亮到暗的细腻过度，为画面增加了神秘感。

金色梯田   【光圈优先模式

光圈：F5.0   快门：1/500s

ISO：100   焦距：340mm】

9.1.2 人造光

　　人造光主要指各类灯光，可以分为两大类：连续光和闪光。台灯、路灯的光线都属于连续光，它们会受曝光时间的影响；闪光是各类摄影闪光灯发出的光线，它们不受曝光时间的控制。人造光最大的优点是拍摄者掌控起来方便，可利用不同的光度、光质、光位灵活掌控画面效果。

背景灯

闪光灯

主体

相机

✍　在人物身后放置光源，使其形成蓝色的背景光，它属于连续光

✍　在人物左侧方使用可移动的闪光灯进行照射，并为其加上黄色的滤片

　　左图中依靠人物身后的连续光充当画面的背景光，借助蓝色的灯光可获得蓝色的背景光。同时为了突出人物的面部特征细节，在人物的左侧方使用了闪光灯进行照射。大光比使得画面显得个性十足，充满视觉张力。

甜蜜情侣　【手动模式　光圈：F4.0　快门：1/10s　ISO：400　焦距：14mm】

9.1.3 混合光

运用混合光使不同性质的光线相互补充、相互协调可让画面的光效更加完整。混合光种类丰富，不同光质、不同光位、不同光色的光线混合都属于混合光。使用混合光时要分清每个光线的用途，确定哪个光源是主光、哪个光源是辅光，相机的曝光、白平衡设置通常都以主光为准。

提示 混合光可以用来营造画面氛围，如添加蓝色光线，能够营造神秘夜色。此外，混合光还具有减少景物影子的功能。

主光　　辅光

✍ 画面以橙黄色光源作为主光，营造一种暖调的光亮

✍ 同时以蓝色光源作为辅光，为酒吧营造一种神秘、绚烂的神秘氛围

左图以酒吧环境作为表现主体，混杂的光线在玻璃制品上产生明亮的反光，使用大光圈可将这些反光虚化为多个梦幻般的光柱。借助主光源的橙黄色光产生一种暖调的光亮，作为辅光的蓝色光源则可进一步增加画面的神秘感。

酒吧光色 【手动模式　　光圈：F2.0　　快门：1/125s　　ISO：1600　　焦距：50mm】

9.2 学会运用不同角度的光线

不同方向的光线由于照射被摄体的位置不同，会使画面产生不同的阴影，从而使画面具有丰富的层次、饱满的色彩、强烈的立体感和空间感等。每种拍摄题材都有其独特的看点，找到合适的光线方向可充分展现被摄体的美，使得画面更显精彩。

9.2.1 顺光均匀照亮被摄体

顺光是来自拍摄者后方的光线，它使被摄体面向相机的一面受光照射，这样的画面可展现被摄体丰富的细节。顺光拍摄的画面影子相对较少，画面给人干净、明亮的感觉，适用于拍摄女性、动物、花卉等。顺光不擅长表现立体感和空间感，因此其一般不用于表现层次丰富的山峦或空间感强的自然风光。

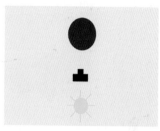

🔅 顺光俯视图

提示：此处采用平拍角度表现可爱猫咪好奇的模样，能够将猫咪拟人化，使猫咪看上去更为亲切、贴近。

左图中的猫咪好奇地望着拍摄者，一副可爱的表情十分招人喜爱。顺光下的猫咪毛色看上去会显得比较明亮，没有大量的阴影遮挡细节，使得观者能够清晰地查看猫咪的可爱表情。

好奇的小猫 【手动模式

光圈：F3.2 快门：1/200s

ISO：400 焦距：70mm】

9.2.2 侧光增强明暗的对比

侧光是来自拍摄者左右两侧的光线,当被摄体受侧光照射时,面向相机的一面会被划分为受光照射和未受光照射两部分。画面中的阴影较多会显得更加浓重。侧光擅长表现立体感、空间感和质感,是拍摄风光、建筑的理想光线。当用侧光表现人物时,人物立体感会非常强,较多的阴影使人物显得神秘、个性、低调、坚强。

✍ 侧光俯视图

✍ 侧光照射下可形成强烈的明暗对比,从而展现木偶的立体效果

左图中的木偶被摆设出一副十分可爱的姿势,通过左侧光的照射使得木偶形成强烈的明暗对比,从而展现木偶的立体感。

舞动的木偶 【光圈优先模式 光圈:F4.0 快门:1/30s ISO:100 焦距:35mm】

9.2.3 逆光勾勒鲜明的轮廓

　　逆光是来自拍摄者正面、被摄体背面的光线。逆光使被摄体面向相机的一面受光极差，导致画面产生浓重的影子。逆光善于表现画面的空间感、勾勒被摄体的轮廓。拍摄逆光画面时使用点测光模式可让测光更加准确，此时拍摄者有两种曝光方法：一是让背景曝光准确使主体变成剪影，此法适用于表现轮廓有趣的拍摄对象；其二，让主体曝光准确，此时背景容易曝光过度，此法可简化背景，突出主体，适用于拍摄人像、花卉等。

逆光光位图

　　左图以天空的光亮作为曝光基准，使得地面逆光下的景物形成浓重的阴影，这种剪影效果的画面可更好地表现景物的轮廓造型。

火红的夕阳 【手动模式　　光圈：F16.0　　快门：1/160s　　ISO：100　　焦距：37mm】

　　右图以花朵主体作为曝光基准，确保逆光下花朵细节的表现，此时天空则由于过曝形成简化的白色，能更好地突出花朵主体。

奇特的花朵

【手动模式

光圈：F5.6

快门：1/50s

ISO：100

焦距：120mm】

9.2.4 顶光营造独特的光效

顶光是来自拍摄对象上方、与相机拍摄方向垂直的光线。当被摄体受顶光照射时，在其正下方会产生影子，被摄体从上至下形成从亮到暗的过渡效果。顶光具有极好的塑形效果、善于表现立体感。由于顶光产生的影子较硬，除了可用来拍摄静物商品，还经常用来表现某种特殊的画面效果。

  ✍ 顶光俯视图

✍ 帅气的小伙子正在弹唱，顶光将其黄色的发丝渲染得十分明亮，而面部和颈部均为阴影

左图借助顶光的照射，使得人物头顶部受光十分明亮，而面部具有厚重阴影。通过人物身上的这种高反差可营造一种独特的光效氛围。

顶光特效 【手动模式　光圈：F4.0　快门：1/15s　ISO：800　焦距：73mm】

一天之中自然光线的变化

自然光照明有白天和夜晚两种情况，其中白天通常又分为晴天和阴天两种。自然光在晴天是以太阳直射光、天空散射光和地面环境反射光 3 种形态出现的；阴天的光源主要是天空散射光；而在晚上主要以月光为主光源。

9.3.1 清晨的柔和光线

清晨的光线偏暗，在清晨时分的光线下，人眼能很好地区别环境中的物体，但是相机却不能清晰地分辨。若想要更好地展现清晨的风光画面，在拍摄取景时，要将天空、水面等明亮的场景拍得更加广阔一些，用稍微明亮的画面来展示清晨的风景。

下图清晨的雾气笼罩在宽广的梯田上，还未完全散去，营造出一种仙境美。由于清晨初升的太阳光线强度较弱，因此使用广角镜头表现大面积的梯田，能够借助梯田水面的反光让画面看上去具有光亮。

清晨的梯田 【光圈优先模式 光圈：F8.0 快门：1/320s ISO：100 焦距：130mm】

提示

在清晨或傍晚拍摄时，因为光线变化快，拍摄时间短暂，所以要提前做好拍摄准备，了解相关天气情况。

9.3.2 上午和下午的侧面光线

摄影的黄金时间段是上午八点至十点、下午四点以后到天黑之前。此时光线软硬适中、照射角度适宜、色温适中、亮度适宜。 此时的太阳与地面呈一定的夹角，恰好形成侧光，借助侧光产生的丰富阴影，也是展现景物光影魅力的绝好时段。

下图为选择下午时分的光线进行拍摄的作品，金灿灿的阳光照射在陡峭的石壁上，使其成为画面中最为明亮和显眼的景色。由于下午太阳的照射角度较低，因此许多处于背光面的景物由于无法受到照射而产生丰富的阴影，整个景物更为动人。

山景　【光圈优先模式　光圈：F8.0　快门：1/320s　ISO：100　焦距：130mm】

🐾 纳入前景和背景可以增加画面远近层次细节，突出画面的深度感

🐾 下午软硬适中的光线照射在陡峭的石壁上，使其显得十分明亮，而背景的山由于没有受到光照从而形成丰富的阴影

提示　下午四点左右选择顺光或侧光位置，最容易拍摄到蓝天白云的景象。

9.3.3　中午的直射光线

　　中午时分太阳处于空中的最高处，此时的光线也是一天之中最为硬朗的光线。通常这种光线会直接照射在景物身上，使得被摄体产生强烈的明暗反差，光质越硬反差越大。大反差赋予画面明快、爽朗、粗犷、力量、简洁等视觉感受。直射光善于表现被摄体的质感以及画面鲜亮的色彩，是拍摄风光的理想光线。

　　✍ 中午的光线反差大，拍摄时要选择简洁的线条或景物，一旦画面出现曝光不足的斑点，会使画面显得不够亮丽

　　✍ 运用斜线构图赋予画面一种不稳定的灵动

　　左图中所示天气的光线显得十分硬朗，画面中天空的色彩与草地明亮的色彩形成对比，一颗大树在直射光下形成的暗部阴影，使画面的特色显得更加鲜明。

明朗的色彩　　【光圈优先模式　　光圈：F8.0　　快门：1/160s　　ISO：80　　焦距：25mm】

9.3.4 日落时分的光线

　　黄昏的光线是最富有诗意的，此时光照角度低、光线柔和，利用此时的光线能拍摄出色彩细腻柔和、影调丰富的画面。日落是拍摄的黄金时间段之一，由于此时的太阳呈黄色，光线具有独特的色彩，因而也是最能渲染画面氛围的拍摄时间。

　　左图所示为抓拍的太阳即将落入地平线的瞬间景象，太阳呈现明亮的黄色，辽阔的草原呈现暗色调，而河流具有较好的反光效果，使得河流流向显得十分清晰。此时加人的日落光线使得景色显得更为静美。

落日瞬间　　【光圈优先模式　　光圈：F8.0　快门：1/200s　ISO：80　　焦距：12mm】

提示　　虽然傍晚的光线较暗，但许多精彩的画面都会出现在这个时间段，因此可提前准备好三脚架协助拍摄。

　　右图中纳入了大面积的水面作为画面前景，可以借助水面倒影映衬出日落时美丽的光色。

夕阳色彩　　【光圈优先模式　　光圈：F16.0　快门：1/20s　ISO：100　　焦距：40mm】

合理布置人造光线

　　人造光掌控方便，在拍摄时常常把人造光作为主光使用，在户外拍摄时也常利用人造光作为辅助光补充日光照明效果，使画面细节更趋完美。拍摄者在自然光的环境下，等待需要的光线可能会耗费很多时间，而且等到的光线角度往往会有一定的偏差。这时在自然光的环境下，还可以运用闪光灯作为主光或是辅助光更加自如地进行拍摄。

9.4.1　安排主光源的位置

　　说到合理布光，首先要安排好主光源的位置，才可以根据需要展现出不同的效果。这里将以照片为例介绍拍摄中主光源的基本布置方式及其效果。

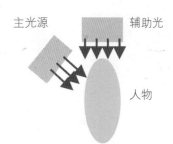

主光源　　　　　辅助光

人物

相机

🖎 画面主要以蓝色的光源作为辅助光，用来烘托环境氛围；在人物左上方安置的光源为主光源，用来照亮人物面部，突出画面所要表现的中心

　　左图中借助了蓝色的辅助光烘托环境，营造一种神秘独特的氛围。位于女孩左侧上方的白色灯光作为画面的主光源，将人物的面部照亮，使其成为画面的中心，增强人物在画面中的表现力。

室内女孩　【手动模式
光圈：F2.0　快门：1/60s
ISO：400　焦距：85mm】

9.4.2 布置多个辅助光

光线可以增强画面的表现力，使画面的色彩随着光线而更显丰富。要想获得一幅好的画面，可以通过安排多种不同强度的光源从不同的角度进行照射，描绘主体的形态。辅助光可以用来协助主光，使画面更加细腻。

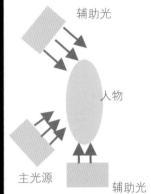

将蓝色的辅助光源置于人物身后作为背景光，使得人物的轮廓被勾勒出来，具有立体感。在人物正面再设置一个较柔和的辅助光，在人物鼻梁处形成高光，突出脸部轮廓

左图中使用蓝色的辅助光充当人物的背景光，这样不仅可以用来渲染环境氛围，还能够使人物具有一层淡淡的轮廓光，将人物与背景分离，更具有立体感。

神奇的辅助光 【**手动模式** 光圈：F2.0 快门：1/100s ISO：400 焦距：50mm】

9.4.3 利用背景光提升画面空间

　　背景光指的是从被摄体的后方进行照射的光，此时可以在主体身上形成一层轮廓光，使其与背景画面分离，突出立体感。在光线较弱的环境下，通过强调背景光，可以起到延伸空间的作用，从而增强画面的空间感。

　　下图中在女孩的身后有着多个明亮的背景光源，使得背景画面显得十分通透，从而增强了背景画面的空间范围。结合大光圈的使用，画面中的多个光源被虚化为不同大小的光柱，使得画面更为生动有趣。

明亮的背景光　【手动模式　光圈：F1.8　快门：1/50s　ISO：100　焦距：85mm】

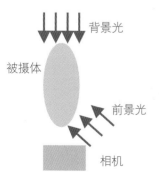

背景光

被摄体

前景光

相机

　　在使用背景光提升画面空间的同时，也可结合前景光照亮被摄对象的正面细节，这样才能让画面的布光显得更为完善，使画面效果更突出

提示 使用背景光提升画面空间时，可以通过选择最为合适的背景光来营造良好的效果。明亮的背景光可以更好地延伸画面空间感，而使用聚光灯或是去掉柔光罩的闪光灯在背景中布光，容易使主体得到不错的轮廓光效果。

9.4.4 利用轮廓光使得主体与背景分离

在自然光环境下，对于轮廓光的展现则需要把握好拍摄场景中的测光区域，才能获得漂亮的轮廓光。同时也可以通过人造光的设计，使景物获得美丽的轮廓光。主体身上的轮廓光可以使其与背景分离开来，更具立体感。

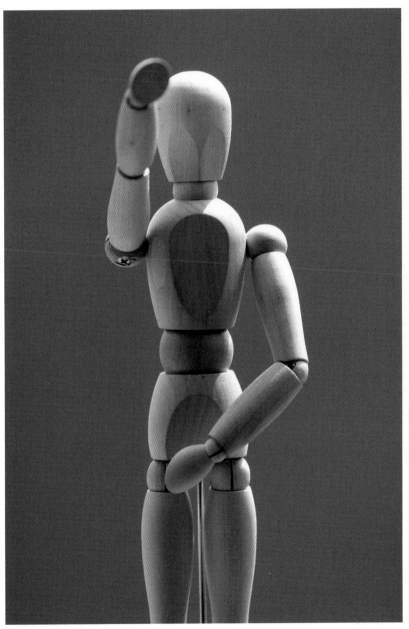

✍ 实际上木偶的颜色和背景的颜色十分接近，由于木偶身上的边缘处形成了白色的轮廓光，才可以更好地使它与背景分离开来，展现木偶真实的立体效果

左图中的木偶造型十分可爱，通过调节木偶的姿势可以获取许多有趣的画面。正因为木偶身上有一层亮白色的轮廓光，不仅可以形成明暗对比，将木偶主体与背景画面分离开来，还能借助这种对比突出木偶的立体感。

| 背景轮廓光 | 【光圈优先模式 光圈：F4.0 快门：1/800s ISO：200 焦距：100mm】 |

9.4.5　借助环境光烘托画面气氛

　　环境光通常被用来烘托画面气氛，也就是常说的"造势"，通过选择多种有特色的光源赋予画面一种别样氛围，从而更好地突出主体。拍摄时如何在错综复杂的光线中获取正确的曝光显得尤为重要，这时需要熟练地进行测光和掌握辅助光线的运用才能更好地控制画面效果。

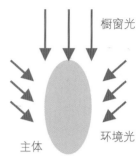

橱窗光

主体　　　　　　　　　环境光

✍　橱窗内的顶光主要是为了将商品照亮，并通过适当的反光突出商品晶莹闪亮的视觉效果。呈现橙黄色的环境光能让整个环境氛围看起来十分温暖、舒适

　　左图展示了橱窗中具有独特造型和美妙色彩的商品。橱窗顶部的光线主要是为了对商品进行照明，借助周围丰富的环境光能够渲染一种高贵、舒适的环境氛围。同时来自各个方向的光亮还使得商品内的液体更为明亮透明，使用点测光模式可更准确地对商品进行测光。

背景轮廓光　　【光圈优先模式　　光圈：F5.6　　快门：1/50s　　ISO：500　　焦距：42mm】

9.5 充分利用闪光灯

闪光灯主要分为内置机顶闪光灯和外置闪光灯两类。在光线昏暗的环境中拍摄时，为了使被拍摄主体显得清晰明亮，均需借助闪光灯进行补光。下面分别讲解不同类型闪光灯的重要作用，以及闪光灯强度的计算方法。

9.5.1 闪光灯的不同类型

闪光灯分为多种类型，其主要作用是为拍摄画面补充光线照明。通常使用的闪光灯包括相机自带的内置闪光灯、机顶外置闪光灯和室内影棚大型闪光灯。不同的闪光灯其使用方式和效果也不相同，首先我们来认识不同类型的闪光灯。

内置闪光灯就是通常所说的机顶闪光灯，在使用时开启闪光灯功能即可。内置闪光灯照明效果相对较弱，能应对基本拍摄场景的拍摄需要

✍ 内置闪光灯

机顶外置闪光灯是目前数码单反相机使用较多的辅助照明设备，能够提供大部分拍摄场景的辅助照明。在使用时，只需将外置闪光灯插入相机顶部的热靴插座中即可同步闪光

✍ 机顶外置闪光灯

环形闪光灯与机顶外置闪光灯有所不同，它环绕在镜头前端，使用时环绕镜头的周围发光，几乎没有阴影产生，可以照明被摄对象的内部细节

✍ 环形闪光灯

大型闪光灯的特点是输出功率特别大，照明效果特别强。在影棚中对其使用，可以使拍摄物的光照更加随意，一般根据拍摄者想要的效果来进行布置即可

✍ 室内影棚大型闪光灯

9.5.2　内置闪光灯的应用

内置机顶闪光灯的使用较为简单，在拍摄过程中如果拍摄者觉得光线太暗，无法捕捉清晰明亮的画面或是在逆光下拍摄时，为了给被拍摄主体正面进行补光，那么就可以开启相机的内置机顶闪光灯。

以尼康单反相机为例，按下右图中红色框内的闪光灯开启按钮，内置机顶闪光灯便会自动弹起。拍摄者可根据拍摄需要调整闪光强度进行拍摄，从而得到满意的画面效果

人物

闪光灯

相机

☑　机顶内置闪光灯

☑　未使用闪光灯拍摄的画面曝光明显不足，人物偏暗而无法展现更多的细节

☑　使用闪光灯拍摄能够有效地为画面暗处进行补光，不仅使得人物面部特征显得十分清晰，同时周围的环境光亮也会得到提高

对比画面　　【光圈优先模式　　光圈：F5.6　　快门：1/50s　　ISO：320　　焦距：50mm】

9.5.3　外置闪光灯的使用

　　单反相机与普通消费类相机的一大区别在于单反相机提供了热靴，允许使用外置闪光灯。有了照射面积更广、亮度更高的外置闪光灯，拍摄者在暗光环境中拍摄更加方便，从而拍摄出用光更独到的画面。

1．外置闪光灯的使用

　　普通外置闪光灯即机顶外置闪光灯，是数码单反相机中使用最多的辅助照明装备之一，能够在大多数时候给拍摄者提供大部分的辅助照明。下面来说明安装机顶外置闪光灯，具体操作步骤如下。

　　（1）首先取出外置闪光灯。

　　（2）把外置闪光灯安装到下图红框标示的相机热靴上。

　　（3）安装完毕之后可通过拍摄来调整闪光灯的照明度。

2．无线引闪器

　　无线引闪器是控制离机闪光灯的装置，它分为两部分：触发器和接收器。触发器与相机相连，接收器与外置闪光灯相连，当拍摄时闪光信号会通过无线引闪器传递，从而引闪离机闪光灯。需要注意的是无线引闪器的有效工作距离为50m左右。无线引闪器的具体安装过程如下。

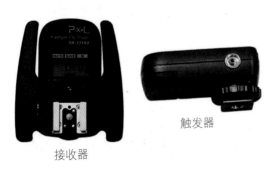

触发器

接收器

　　（1）将触发器底座与相机内置闪光灯上部的热靴对齐，将触发器轻轻插入热靴中，旋紧锁定环防止触发器滑落，如下图所示。

　　（2）将外置闪光灯固定座插入接收器热靴中并旋紧外置闪光灯上的锁定环即可。

✍　上图所示为无线引闪器，图中所示的无线引闪器可控制一只外置闪光灯，通过将接收器和触发器安装，可灵活运用外置闪光灯

9.5.4　外置闪光灯的照明效果

对比内置闪光灯，外置闪光灯性能更加优越。不仅如此，通过无线引闪器，拍摄者可灵活地掌握闪光灯光位，甚至可以同时使用多只闪光灯照明，使画面的布光更加严谨、细致。

下图表现了女孩站在金灿灿的油菜花丛中的美好景象。由于天气的原因导致光线较暗，此时拍摄者通过将两只外置闪光灯相结合进行拍摄，一只用来提高画面整体的亮度，而另一只可以用来勾勒人物的轮廓光，使人物看上去更显生动。

示例画面	【光圈优先模式　　光圈：F1.8　快门：1/125s　ISO：100　　焦距：　85mm】

✍　画面一共使用了两只外置闪光灯进行拍摄。一只闪光灯从相机的拍摄方向进行照射，主要是用来提亮整体画面的亮度。另一只闪光灯从人物的左侧方进行照射，使人物面部形成一层淡淡的轮廓光，可以用来勾勒人物面部轮廓，为面部塑形起到很好的作用

9.6 创造性地使用光线

光线相当于摄影的"画笔"，是画面中极具表现力的元素之一，了解并创造性地运用光线可创作出更生动和更具感染力的拍摄作品。

9.6.1 利用光线突出质感

质感是被摄对象特征的重要表现，可以为画面带来真实感和生动感。质感鲜明的风光画面会给人强烈的视觉冲击力；质感鲜明的动植物画面给人以真实生动的感觉；质感鲜明的人物画面形象更加逼真。从侧面照射的硬光可以很好地突出被摄对象的质感，晴天的直射阳光是最常见的硬光，此外，室内没有加柔光罩的灯光光质也比较硬。

下图中借助户外晴朗天气下的强烈光线表现景物美丽的景象。在强光下不仅将水液态的质感和植物厚实的质感分别区分开来，同时还能更细腻地突出各个景物的色彩，从侧面烘托出景物的不同质感。

绚丽的风景　　【光圈优先模式　　光圈：F8.0　　快门：1/50s　　ISO：80　　焦距：25mm】

提示： 不同的景物具有不同的属性，因此各个景物反光效果也会不一样。只有适量的光线才能够恰到好处地将景物质感表现出来，曝光不足或曝光多度都会导致景物细节丢失而无法表现其质感。

9.6.2　利用光线表现丰富的影子

　　光线不仅能够真实地记录被摄对象的特征，还会使画面形成特殊的明暗关系，使画面看起来很亮或很暗，以及亮暗对比明显等。丰富的影子能够让画面更具光影魅力，使画面看上去更有趣。拍摄者可以通过对景物曝光的控制，调整画面的明暗对比强度，获取更匹配的主题。

　　左图空中的太阳透过大树将斑驳的影子映在红色的墙上。拍摄者使用广角镜头将墙面纳入前景，使得墙面的影子被夸张地拉长，在增加透视感的同时，还能营造出更神秘的氛围。

丰富的影子　　【光圈优先模式　　光圈：F22.0　　快门：1/20s　　ISO：320　　焦距：18mm】

　　右图中灿烂的阳光透过大树照射在红色砖墙上，形成斑驳的影子。丰富的影子与光亮形成鲜明的对比，明暗交织在一起显得十分有趣。拍摄时可使用点测光模式对着红墙的光亮处进行测光，这样可以保证明亮处的正常曝光，能够更好地展现光影效果。

斑驳的影子　　【光圈优先模式　　光圈：F8.0　　快门：1/125s　　ISO：100　　焦距：17mm】

9.6.3 利用光线营造神秘的气氛

　　光线在摄影中占据着很重的地位，不仅可以巧妙利用外界环境光线探寻神秘氛围，也可以人为地设置光线故意营造一种神秘的气氛。特别是当整个画面以黑色或者深色为主时，更容易给人带来一种深沉、神秘、含蓄之感。

利用大光圈使得背景中的其他灯光被虚化，能够增强神秘氛围的表现

　　左图中在暗光环境下表现由灯光带来的特殊效果。具有古典气息的灯罩上雕刻着独特的纹理图案，结合黄色的光线可用来表现古典的神秘氛围。拍摄时使用点测光模式对灯的亮部进行测光，同时降低曝光补偿值能够将环境的其他光亮压暗，从而加强神秘氛围的效果。

夜色中的灯光　　【光圈优先模式　　光圈：F2.0　　快门：1/50s　　ISO：400　　焦距：50mm】

第10章

熟悉色彩对画面的影响

在蔚蓝的天空映衬下，红色的大山显得苍劲有力，仿若一团猛烈的焰火即将喷射，使人热血澎湃。

很显然，在所有的画面成分当中，色彩元素在画面中的地位是最强有力的，它能够唤起人们某种强烈的情感回应，迅速地抓住人们的视线，使观者和画面内容相融合。

红色大山【手动模式　光圈：F7.1　快门：1/200s ISO：160　焦距：70mm】

10.1 色彩对画面的感情暗示

眼睛让人们可以随心所欲地观察各种色彩，而色彩又可以在每个人心中产生暗示，引导相应的情绪波动。所有人都有自己所偏爱的色彩，这些色彩均可以带来不同的感情暗示，有些能够使人兴奋并感到刺激，而有些则能够让人觉得沉静。只有在了解各种色彩可以在画面中给人们带来何种情感宣泄后，拍摄者才可以通过色彩种类、色彩面积的选择更好地拍出贴近画面主题的照片。

10.1.1 喜悦的色彩

喜悦的色彩表现为能够给人带来强烈的喜悦感，让人开心、兴奋。通常这种色彩比较亮丽、鲜艳，例如红色。在借助色彩表现画面的喜悦氛围时，也可以结合灿烂的日光共同进行表现，将这种热度挥发出来。

使用中心构图法将红色花朵置于画面中央位置，并占了近 1/2 的面积，强调红色给人带来的喜悦感

左图利用艳丽的红色表现画面的喜悦情感。花朵的色彩鲜艳而细腻，借助花瓣上的水滴和明亮的光线，能够进一步传递喜悦快乐的情感，选取娇艳欲滴的红花作为主体拉近拍摄，也是为了更好地表现喜悦的色彩。

喜悦的色彩　【光圈优先模式
光圈：F2.8　快门：1/1500s　ISO：100
焦距：50mm】

10.1.2 宁静的色彩

　　通常蓝色调的画面可以给人带来宁静感，因此人们在抬头仰望蔚蓝的天空，或是眺望辽阔的大海时，会觉得身心放松，获得一种顿时不再浮躁的宁静感。除此之外，紫红色和偏灰的蓝色，都具有镇定心理的作用。

　　下图纳入天空、蓝色的喇叭花让画面中的大部分面积被蓝色所覆盖，当蓝色成为画面的主色调时，顿时可以获得一种宁静的感受。拍摄者以大自然作为表现主体，结合美妙的蓝色更容易令人产生一种身临其境的感觉。

宁静的色彩　　【光圈优先模式　　光圈：F11.0　　快门：1/100s　　ISO：200　　焦距：55mm】

　☑　拍摄者将焦点置于天空深处，使得蓝色的喇叭花形成虚化的色块前景，不仅能够拉近观者与画面的距离，给人一种身临其境的感觉，还能强调蓝色的效果

　☑　在构图时以低角度拍摄，使得天空与地面各占画面一半的面积，两者之间形成一条笔直的水平分界线，可为画面添加平衡感，也有助于宁静效果的表现

10.1.3 跳跃的色彩

不管是随意还是有意进行设置，我们总能发现一些颜色具有特定的规律。色彩与色彩之间的交织以及融合都能够刺激人们的眼球，随着色彩的变化而变化。这种微妙的色彩变化能够引起观者情绪波动，以此迅速地抓住人们的视线。

下图画面中的色彩被区分为 4 个横向的色块。从画面的底端往上，分别为红褐色、黄色、红色和蓝色。由于色彩过渡的等分比较均匀，而且除去天空的蓝色以外其他的颜色较接近，大面积的橙色调给人绚丽耀眼感，与天空蓝色的宁静感形成对比。

| 跳跃的色彩 | 【光圈优先模式 | 光圈：F8.0 | 快门：1/1000s | ISO：100 | 焦距：45mm】 |

✍ 画面中的色彩被均匀地分为 4 个板块，以红色高山作为视觉中心，上端的天空与高山形成对比，而下端的土壤和高山色彩邻近，从而实现不同的色彩跳跃感

提示

在使用跳跃色彩时应注意两点：一是要注意色彩之间的面积变化；二是要注意色彩间的纯度变化。最终这些都要由拍摄者进行把控，色彩面积的取舍将直接影响画面的视觉效果。

10.1.4　清新的色彩

所谓清新的色彩指的是在画面中，某个占有主导地位的色彩更给人一种清新的感觉，如同在大自然中享受沐浴。因此这种色彩大部分都以贴近自然且较为淡雅的色彩为主，例如绿色、浅黄色等。由于清新的色彩能够给人稳定的舒适感，因此也是最耐看的画面。如今在城市中的人们生活压力较大，因此他们也比较偏爱这种清新的色彩画面。

下图透过粉色的花朵表现沐浴在阳光下正闪闪发光的黄色嫩叶。由于使用长焦镜头进行拍摄，使得作为前景的粉色花朵被虚化为较淡的色块，而新生的绿叶在阳光下呈现亮丽的浅黄色，两个色彩均十分淡雅，共同构成一幅具有清新色彩的画面。

清新的色彩　　【程序模式　光圈：F4.0　快门：1/800s　ISO：100　焦距：50mm】

🖎 画面中的大树恰好形成正三角形构图，在借助浅色调的色系表现清新色彩的同时，还能够给人一种稳固、安稳的心理感受

提示 清新的色彩通常以浅色调的颜色为主，在拍摄时可选取光线充足的天气进行，并通过提高曝光补偿值将画面亮度提高，能够增强画面的清新感受。

10.1.5　神秘的色彩

　　色彩具有十分神奇的魅力，只有懂得使用色彩的摄影师才更容易创作出精彩的画面。要使一幅画面具有强烈的冲击力，就需要借助色彩来更完美地进行实现。可以通过调整相机上的相关参数来强调画面色彩，甚至创造出神秘的色彩，让画面更具吸引力。

　　✍　在负曝光补偿值下，荷叶被虚化为黑色暗景，薄雾变得泛蓝光，荷花的色彩也显得十分浓郁娇艳

　　左图通过降低曝光补偿值至-2.0EV，使得画面中的各个景物色彩发生了一定的变化。这种改变使得色彩更具特色，尽管丢失了景物的原本真实色彩，但创作的画面更具意境美，比时的色彩看上去更显神秘而有情调。

　神秘的色彩　　【光圈优先模式　　光圈: F4.0　快门: 1/125s　　ISO: 800　　焦距: 130mm】

10.1.6 纯洁的色彩

纯洁的色彩通常让人想到白雪，这种白色给人感觉彷如一纯洁女子。在以白色为主题的画面中，要注意巧妙结合环境中的景物以及光线的运用，从而使得画面中纯净的感觉更完美地展现出来。

下图中的女孩穿着纯白的婚纱，静静地坐在花丛中。女孩通过动作姿态的调整，以侧面进行拍摄展现女孩的安静甜美。拍摄者通过适当地提高曝光补偿值，更好地突出了婚纱的亮度，强调由色彩带来的纯洁感。

纯洁的色彩 【手动模式 光圈: F4.5 快门: 1/60s ISO: 200 焦距: 26mm】

✍ 拍摄者将女孩的婚纱裙摆散在草地上，形成一个椭圆形，增加画面对白色的描绘，营造一种纯洁的氛围

提示.

根据"白加黑减"的曝光原理，在拍摄白色为主题的画面时，要适当地增加曝光补偿值，这样可以避免拍出的白色显得不够纯正，甚至偏灰的现象出现。

10.1.7 暗沉的色彩

暗沉的色彩多指色彩较为偏暗、深沉的色彩，例如黑色、深褐色等。通常这种暗沉的色彩能够给人一种深沉、压抑、束缚的感觉，也常被用来描述某种情感。暗沉的画面可以为以暗色为主的景物，也可以使剪影画面或其他阴影较多的画面。

提示

由于整个画面均以黑色或灰色为主色调构成的景物，根据"白加黑减"的曝光原理，在拍摄该类画面时，应适当地降低曝光补偿值，这样所拍摄的景物色彩看上去才能更显真实，避免色彩出现过曝影响画面效果。

左图以俯角度表现海岸的局部水域，借助在水面上竖立的暗色竹竿以及灰色水面，渲染一种深沉、沉寂的效果。在拍摄时通过降低曝光补偿值使得竹竿的黑色看上去更为明显，由于密密麻麻的竹竿紧密排列着，它们的高矮不齐还能给人带来不安的心理感受。

暗沉的色彩　【光圈优先模式　　光圈：F8.0　快门：1/500s　ISO：100　　焦距：250mm】

光质使色彩具有不同特性

　　光线的方向和质量对画面色彩的呈现起着至关重要的作用，同一景物颜色的深浅取决于照射到它表面光线的光质。正因为一天之中随着时间的推移，导致太阳光呈现出不一样的光色，这就使得在不同光照条件下景物色彩也会具有不同的特性。

10.2.1　硬光色彩浓郁

　　硬光照射下的画面明暗过渡区域较小，明暗分明，给人以明快的感觉。因此，硬光方向性强，所产生的阴影颜色较深、边缘清晰，比如晴天的光线即属硬光。由于在硬光照射下的景物色彩浓郁而艳丽，因此十分适合用于表现层次分明的风光、性格坚毅的男性，也被用于突出建筑的形状和轮廓。

　　下图利用晴天的光线表现亮丽的风景画面。画面中的景物色彩显得十分浓郁，蓝蓝的天空以及金黄的树干给人带来强烈的视觉感染力，将景物间的轮廓很好区分开来。同时画面中明亮的景物与暗部阴影对比强烈，表现出更多的画面细节，使画面体现一种坚硬的质感。拍摄时使用点测光方式，可防止画面出现曝光过度的情况。

硬光色彩　　【手动模式　光圈：F16.0　快门：1/200s　ISO：100　焦距：17mm】

10.2.2 软光色彩柔美

　　柔光的方向性不强，产生的阴影颜色较浅、边缘较模糊，阴天的光线即为柔光。使用柔光拍摄的画面明暗过渡区域较大，给人以细腻、柔和的感觉。柔光常用来表现女性柔美的感觉和儿童单纯、天真的感觉，并用于突出细腻的肤质。但是柔光不善于表现轮廓，画面立体感不够强，锐度较差。

提示：　柔光十分适合拍摄女性，表现她们细腻的肤质。但是柔光强度如果不够，很有可能造成人物脸部曝光不足，此时可以借助反光板来为其脸部进行补光。

　　左图中利用阴天柔和的光线表现了可爱的女孩。柔光使人物面部阴影较浅，明暗过渡区域较大，凸显了人物皮肤白皙，肤质细腻的感觉。此时配合反光板共同拍摄，能让人物面部更显美观。柔光下的画面色彩十分柔美，正好与女孩的柔美相呼应。

| 软光色彩 | 【手动模式 | 光圈：F2.8 | 快门：1/125s | ISO：400 | 焦距：90mm】 |

10.3　最基本的色彩关系

生活中的色彩通常不会以单一的颜色出现，而是有着丰富的色彩组合，这样才能给人以丰富的视觉体验，只有了解色彩的关系和人们的视觉经验，才可以使画面的色彩搭配更合理。

10.3.1　冷色与暖色调

根据色彩给人的冷暖感受可将色彩分成两种：冷色和暖色。橙色、红色、黄色是常见的暖色，黑色、蓝色、蓝紫色是常见的冷色。暖色给人的感受是向外扩展、前进、轻盈，暖色和暖色的搭配给人以温暖、温馨、热烈等感受；冷色给人的感受是收缩、后退、厚重，冷色和冷色的搭配给人以宁静、开阔、清冷等感受。暖色适用于拍摄诱人的食物、温馨的人像；冷色适用于拍摄蓝天、大海等风光，也可用于表现人物的孤独感。

上图中秋季的树叶呈现了极暖的橙色调，在日光照射下整个画面均表现为暖调色彩，给人一种温馨祥和的感受。

暖调景色　【光圈优先模式　光圈：F6.3
快门：1/500s　ISO：100　焦距：85mm】

上图中由于清晨的光线强度较低，梯田仅以暗色进行呈现，借助这种黑色可以表现冷调带来的寂静效果。

冷调景色　【光圈优先模式　光圈：F8.0
快门：1/500s　ISO：100　焦距：50mm】

提示：
暖色与冷色不仅来自被摄对象本身，还可通过相机的白平衡设置使画面偏暖或偏冷。暖颜色的画面比较符合常人的审美，当创作需要画面偏冷时需要符合一定的客观规律。

10.3.2 对比色与邻近色

通常根据十二色色环来区分对比色和邻近色。下左图所示为十二色色环，所有用直线连接起来的颜色互为对比色，邻近的颜色互为邻近色。例如桃红色、橙色与红色是邻近色，绿色与红色是对比色。

对比色的搭配给人以粗犷、激烈、力量等感受，邻近色的搭配给人以和谐、细腻的感受。对比色多用于拍摄绚丽的风光、个性鲜明的男性，而邻近色多用于拍摄女性、宠物等题材。

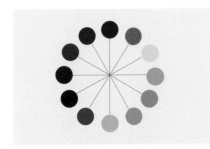

✍ 色环上所有用直线连起来的颜色互为对比色，而色彩相邻的则为邻近色

✍ 画面中的天空色彩与地面的色彩形成对比色

上图中的天空呈现亮丽的蔚蓝色，地面恰好为黄色土壤，两种色彩在色环上互为对比色，给人以粗犷、激烈的感受。

| 对比色 | 【快门优先模式 | 光圈：F4.5 | 快门：1/1600s | ISO：100 | 焦距：14mm】 |

✍ 画面中树叶的色彩为相邻色，均属暖调色彩

左图中满山的树叶色彩十分艳丽多彩，由于树叶的色彩互为邻近色，因此使得画面看上去仍旧显得十分柔美，色彩间的过渡给人一种细腻感。

| 邻近色 | 【光圈优先模式 | 光圈：F8.0 | 快门：1/640s | ISO：100 | 焦距：80mm】 |

色彩间的不同影调

影调有两层含义，其一指画面再现的色彩的深浅，由此可将画面分为高调、中间调和低调 3 类；其二是指影像明暗过渡的变化情况，由此可将画面分为粗犷影调和细腻影调。对影调的把握体现在对景物影调对比的把握。影调由被摄体的情况而定，拍摄者可通过曝光、滤镜等改变影调的效果。

10.4.1　高调明亮轻松

高调画面由大面积亮度较高、饱和度较低的色彩构成，画面给人以轻盈、淡雅、纯洁等感觉。人们常用高调影像表现雪景、女性、花卉等。拍摄高调画面可增加 1 挡左右曝光，这样可增加色彩的明度、降低色彩的饱和度，使画面影调更加轻盈。在用光方面尽量减少画面中的阴影，使用顺光、前侧光比较适宜，同时光质应为较柔和的软光。

> 下图为高调画面，画面中一半以上的色彩均为明度较高的白色或其他浅色系。要拍摄高调影像，应确保整个画面的色彩以及保持一定的亮度，同时在对白色进行测光时，应该增加 1~2 挡的曝光。

高调画面　【光圈优先模式　　光圈：F4.0　　快门：1/800s　　ISO：250　　焦距：160mm】

10.4.2 低调含蓄神秘

　　与高调画面相反，低调画面由大面积亮度较低、饱和度较高的色彩构成，画面给人以神秘、低调、含蓄等感觉。人们多用低调画面表现男性、酒类静物、夜景等。拍摄低调画面应增加画面的阴影，拍摄者可选择反差较大的拍摄环境或缩小光线照射面积制造大反差，再利用降低曝光补偿形成黑色等亮度较低的背景。

　✍　背景画面形成三等分构图，
　　　色彩均衡感更强

　　左图以日落的天空作为天空背景，色彩间的明暗关系让整个画面显得十分独特。将人物纳入画面的中心位置，并对天空进行点测光，通过降低曝光补偿值使得人物主体以剪影形态出现。整个画面仅有地平线边缘为暖调红色，大面积的黑色使其形成低调画面，使得人物主体看上去更为含蓄神秘。

低调画面　　【光圈优先模式　　光圈：F4.0　　快门：1/200s　　ISO：200　　焦距：85mm】

10.4.3　中间调的两种形式

中间调画面有两种：一种反差极大，由面积相当的高亮度色彩和低亮度色彩组成，给人以粗犷、有力地感觉；另一种反差极弱，由大面积亮度接近中灰的色彩组成，给人以肃穆、苍白、乏力的感觉。

左图为大反差中间调影像，画面由大面积灰和黑两种亮度色彩构成。明亮的光线展现出画面的亮度感，室内的黑暗又突出神秘的暗景，借助这两个极端形成的中间调来表现画面的力度感。

✍ 黑白反差大的中间调

反差大的中间调画面　【光圈优先模式　光圈：F2.2　快门：1/15s　ISO：400　焦距：35mm】

✍ 黑白反差小的中间调

右图表现了中间调反差较弱的情况，由于画面主要明度均为浅灰、中灰亮度色彩构成，画面的明暗起伏不大，给人一种乏力、平淡的感受。

反差小的中间调画面　【光圈优先模式　光圈：F4.0　快门：1/30s　ISO：200　焦距：45mm】

10.4.4 灰调突出画面细节

灰调也被称为细腻影调，这种影调的明暗变化较大，画面中黑、白、灰的层次非常丰富，其影调变化给人柔和、舒畅、恬静等感觉，适用于表现人像、湖泊等拍摄对象。拍摄细腻影调画面时应使用柔光，这样画面中灰的层次会非常丰富。

✍ 灰调影像更注重中灰层次的表现

✍ 将画面转换为黑白画面后，可发现画面多以细腻的灰调进行呈现

左图是在室内进行拍摄的照片，借助明亮的灯光使得画面中的各个线条更加突出，细腻的阴影使得画面明暗层次丰富，影调更为细腻，表现人物甜美的特点。

✍ 细腻的灰调画面 【光圈优先模式 光圈：F2.8 快门：1/20s ISO：200 焦距：25mm】

白平衡对画面色调的影响

　　画面色彩的再现不仅与被摄体的色彩有关系，还与相机设置的白平衡模式有关，两者共同作用决定着画面的色调。同样，拍摄者可利用色温、白平衡与色调的关系重新设置画面的色调，使其更符合画面主题与主体的表现。

10.5.1　理解白平衡的原理

　　物体颜色会因投射光线颜色的不同而反映出不同的颜色。由于白色的物体在不同的光照下都能很好地辨别出，因此白色常用来作为确认其他色彩平衡的标准。当在画面中能正确表现出白色的话，那么其他的颜色也就平衡了，这就是白平衡。

下图以白色作为色彩平衡的标准，拍摄枝头雪白的花朵。此时花朵的白色看上去十分纯净，使其真实色彩得到很好还原。

白色花朵　【光圈优先模式　　光圈：F3.5　快门：1/125　ISO：200　焦距：200mm】

提示　相机中的白平衡和色温都可以进行设置，彼此的原理都是相同的。白平衡有多种模式，用来适应不同的场景拍摄，如自动白平衡、白炽灯白平衡、荧光灯白平衡、阴天白平衡、自定义白平衡等。通过选取不同的白平衡模式可在画面中还原景物的真实色彩。

10.5.2　不同的色温与白平衡的关系

　　色温是计量光线色彩成分的标准，不同的色温表示相应色彩的光线，色温单位为开尔文，用字母 K 表示。白平衡可以针对不同色温的色彩进行纠正，通过设置白平衡可改变画面呈现出的色调。光源的色温和拍摄者需要的效果决定了相机的白平衡设置，当相机所设置的白平衡模式与拍摄环境的色温相一致时，相机将准确还原画面色调，反之画面会出现偏色。

　　下图所示的色温条中不同的色温呈现出了相应的色彩，高色温呈现蓝紫色且偏冷，低色温呈现红色且偏暖。

高色温 ⟶ 低色温

| 12000K | 11000K | 10000K | 8000K | 5000K | 4000K | 3600K | 3000K |

✍　当受色温为 5500K 左右的白光照射时，画面的色调不会发生变化；当受高色温或低色温的光线照射时，被摄体的色彩会呈现其固有色与色光混合而成的新的色彩，画面的色调也会发生相应的变化

不同环境的光	色温值
晴空蓝天的光线	10000~20000K
阴天天空的光线	7500~8500K
阴天的光线	6800~7000K
正午晴空的光线	6500K
上午与下午的光线	6000K
正午日光	5400K
闪光灯的光线	5500K
冷色的白荧光灯	4500K
钨丝灯	3000K
家用白炽灯	2500~3000K
火焰	1500K

　　上图是下午拍摄的，天空色温为 10000K，而地面色温为 6000K 左右，根据地面色温设置白平衡，天空呈现出深蓝色而地面色彩还原准确。

风景　【快门优先模式　光圈: F5.0　快门: 1/500 ISO: 100　焦距: 14mm】

10.5.3　利用白平衡还原物体本色

　　白平衡可以针对不同的光照环境对画面中的色彩进行纠正。通过准确设置白平衡，相机可适应不同的光源，使画面在准确曝光的前提下真实还原色彩。

　　根据常见光源的色温，相机提供了多种白平衡模式，拍摄者可根据光线条件设置相应的模式。此外，某些相机还支持手动选择色温，这样拍摄者可根据光源设置相应的色温，使画面白平衡更精确。

白平衡模式	说　　明
自动	相机自动设置白平衡，一般为默认设置
白炽灯	在白炽灯照明条件下使用
荧光灯	在荧光灯照明条件下使用
直射阳光	在被摄对象处于阳光直射的状态下使用
闪光灯	在内置闪光灯或外置闪关灯启用时使用
阴天	在白天多云的条件下使用
阴影	在白天被摄对象处于阴影中的情况下使用
选择色温	从数值列表中选择色温
白平衡预设	使用灰色或白色物体，或现有照片作为预设白平衡的参照

以佳能相机为例，利用自定义白平衡模式设置画面的正确白平衡

通过选择恰当的白平衡模式，如白炽灯照射时选取白炽灯模式，荧光灯照射时选取荧光灯模式，也可通过自定义白平衡模式将荷花色彩准确还原

受白炽灯照射的荷花色彩偏暖

受荧光灯照射的荷花色彩偏冷

10.5.4 借助白平衡创作丰富的色调

　　准确还原画面色彩是多数情况下对拍摄照片的要求，不过拍摄者也可通过白平衡设置改变画面的色调，运用不同色彩包含的不同含义使画面的主题更鲜明、更具视觉冲击力。将相机常见的白平衡模式按色温由高到低排列如下：阴影白平衡模式、阴天白平衡模式、闪光灯模式、直射阳光白平衡模式、荧光灯白平衡模式、白炽灯白平衡模式。此外，部分相机还支持手动选择色温数值，这样拍摄者设置白平衡时会更加方便、准确。当拍摄者使用高于拍摄环境实际色温的白平衡模式拍摄时，可使画面偏暖，例如呈偏黄色、黄红色、橙色等；同理当使用低于拍摄环境实际色温的白平衡模式拍摄时，画面会偏冷，例如呈偏蓝、偏青、偏蓝紫色。

　　下图中拍摄者使用低于拍摄环境色温的白平衡模式拍摄，画面形成冷色调。画面中的女孩穿着黑色的毛衣，通过造型设计展现女性多愁善感的一面，并借助枯萎的树叶作为道具，共同营造冷系画面。

　　下图是在室内进行拍摄的照片，室内的白炽灯原本就可以营造一种较暖的色调，拍摄者通过使用高于拍摄环境色温的白平衡模式让画面更加偏暖，这样可以使得色彩显得更为饱和，从而表现女孩成熟魅力。

冷调表现女子　【手动模式　　光圈：F2.8
快门：1/100　ISO：400　焦距：150mm】

暖调表现女孩　【手动模式　　光圈：F3.5
快门：1/50　ISO：100　焦距：70mm】

多彩大地 【手动模式 光圈: F16.0 快门: 1/125s ISO: 100 焦距: 320mm】

更充分的拍摄准备

4

在认识了相机、镜头，熟悉了相关基本操作，了解了如何对不同的被摄体对焦、怎样准确的曝光，甚至熟知了构图、用光、色彩的基本原理后，如果就这样只身出行，一定还会遇到一些问题。

在了解了数码单反相机及基本的摄影原理之后，大家可能会发现摄影并不是十分困难的事，但为了更好进行实际的拍摄还需要做好更充分的准备，而这些准备则是关于选配数码单反相机常用的附件，以及对器材的清洁与保养。

第 11 章　数码单反相机常用附件产品的功能与清洁保养

第11章

数码单反相机常用附件产品的功能与清洁保养

昏暗的光线，在三脚架的支撑下才能获得清晰的画面。

做好出行前的准备，那么我们就需要了解数码单反相机的常用附件，以便可以帮助我们获得更好的拍摄效果。而在不拍摄时，还需要对器材进行清洁保养........

清晰的画面【手动模式 光圈: F2.8 快门: 1/25s ISO: 640 焦距: 130mm】

11.1 三脚架的选择与注意事项

弱光环境下快门速度容易过慢，如果使用超长焦镜头，其过重的质量也难以稳定进行手持拍摄，这些都会造成画面的模糊，因而使用三脚架稳定相机是必要的。有时三脚架的作用不仅是稳定相机，也能为拍摄带来更多的便利。

11.1.1 便携性与稳定性的考虑

提到三脚架的便携性与稳定性，必定会与其质量有关，而影响质量的又主要是三脚架所采用的材质，同时与增加稳定性的重力平衡系统有关。

合金

碳纤维

1. 材质

市面上的三脚架材质众多，有高强塑料材质、合金材料、钢铁材料、碳纤维等多种。其中塑料太轻且不耐用，容易变形；而钢铁太重，不便于携带。因而更多的时候人们会选择合金材料或碳纤维材料的脚架，它们集合了质量轻、耐用、稳定等众多优点而广受摄影者的喜爱。特别是碳纤维重量只有铝合金的1/3左右。

2. 重力平衡系统

为了在极端天气依旧可以完成拍摄，在选择三脚架时，需要注意最好购买具有重力平衡挂钩或是具有可装载重物袋子的三脚架。这样可以避免风力过大而导致三脚架倾倒，造成机身及镜头的损坏。

重力平衡挂钩 特别是选择较轻量化的三脚架时，由于抗风性被减弱了，因此为了增加三脚架的重量，最好选择在中柱底部设计有挂钩的三脚架，这样可以悬挂背包或增加重量让三脚架更稳固。

沙袋 在选择三脚架时，除了挂钩外，还选为其配备沙袋来增加脚架的稳定性，及横向中性。拍摄者可以在其中装上一些沙石，或饮料等重物增加重量。

11.1.2　品牌与价格的选择

三脚架品牌众多，主要分为欧美、日系和国产 3 大类。不同品牌都有各自的特色，其价格也是因三脚架的承载重量、自身材质等不同因素而各有差别。

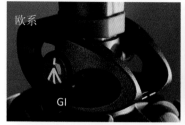

GITZO 法国品牌，中文名捷信。可以说是三脚架顶级品牌，价格较高，频频推出新的材料及设计，技术领先于其他品牌。

Manfrotto 意大利品牌，中文名曼富图。该品牌三脚架设计虽不够精巧，但以耐用性、功能性著称，因此价格也相对偏高。

INDURO 美国品牌，中文名英拓。INDURO（英拓）的所有产品均由在美国的设计团队完成，因而具有极致人性化的设计保证。

Velbon/SLIK 日本品牌，中文名金钟/竖力。此品牌产品细致，价格较欧系便宜。以轻量、小巧的产品为主力，注重外型的设计及便携性，但较欧系三脚架的耐用性略显逊色。

BENRO 中国品牌，中文名百诺。本土知名大厂，具具生产世界先进水平的高强度碳素材质三脚架的技术，价格较欧系三脚架较更便宜，和日本三脚架差不多。

SIRUI 中国品牌，中文名思锐。本土知名大厂，一改以往三脚架固有的铸造工艺，而率先使用锻造工艺，使得三脚架强度更强、重量更轻。表面使用的阳极氧化膜，具有较高的硬度和耐磨性、极强的附着能力、较强的吸附能力、良好的抗蚀性和电绝缘性及高的热绝缘性。

除了上面的品牌，还有一些高挡的碳纤维三脚架，如 Triop、Feisol 等，价格只有欧系产品的一半以下，种类众多，售后也很有保证。当然还有一些像曼图、伟峰等性价较高的国产品牌，一直被很多拍摄者所关注。甚至还有一些本土的其他品牌多以模仿欧美、日系品牌的设计，虽然产品略为粗糙，但价格十分低廉，对于预算有限的拍摄者也是一个不错的选择。

提示.

在选择三脚架时，除了品牌和价格之外，若分开购买三脚架和云台，还需要注意的就必须选择衔接螺丝相兼容的规格。一般包括1/4英寸和3/8英寸两种规格。

11.1.3 云台的选择

使用三脚架时，云台是不能或缺的。脚架是支撑相机的设备，而云台则是连接相机和三脚架的重要附件。对于云台的选择需要注意其稳定性、承重能力、锁定系统是否都有很好的表现，否则也会影响拍摄。

下面介绍几种常见类型的云台。

三维云台

上下俯仰控制杆

左右倾斜控制杆

1. 三维云台

三维云台也称三向云台，之所以会有此得名，是因为三维云台可以进行水平旋转、上下俯仰及左右倾斜 3 个方向上的角度调整。市面上最普通简单型三维云台也可能只有两个控制杆，如左图所示。这类云台相对普及，相对于球形云台而言，三维云台更容易准确定位。适用于经常拍摄横平竖直的风光等题材。

2. 球形云台

球形云台

旋转钮

球形云台又称万向云台，其结构很简单，通过利用夹具的松紧，控制中心球体的旋转，可以实现更多角度细微地调整。这样的设计节省了更多的机构，缩小了体积和重量。球形云台的调整是直觉式的，因为所有的角度由一个旋钮即可控制，只要抓住相机，松开固定旋钮，直接对焦取景，再旋紧固定旋钮就好。因而在拍摄像花卉等需要灵活多变取景角度的题材时更方便。

3. 超长焦镜头使用的特殊云台

在使用超长焦镜头拍摄时，若没有良好的支撑，稳住镜头都是一个难事。因而为了平衡机身和镜头的重量，就需要选择悬臂云台，或同时支撑镜头及机身的支撑架。

悬臂云台

✍ 该支架一端支撑机身、一端支撑镜头，使得整个相机得到了很好的重量平衡

✍ 支撑镜头的悬臂，与镜头自带的支架连接，也实现了镜头到机身整理的重心平衡

✍ 长镜头支撑架

11.2 摄影包的选择与注意事项

面对市面上众多的拍影包品牌让人不知从何下手。其实并不仅仅是由于这些产品的花样变多了，而是由于我们对它还不够了解。在选择时，需要对材质及其细节人性化的设计做进一步了解。真正可靠的摄影包不仅只是用来携带摄影装备，其对摄影装备良好的保护也是很重要的。

11.2.1 摄影包的种类与品牌

这里从摄影包的造型上将其分为以下常用的 4 种。

1. 单肩侧背包

较为传统的一类摄影包，取放器材快速便利，但装备过重会造成一侧肩膀的负担。

2. 单肩斜后包

近年才开始流行的摄影包，平常斜背于背后，使用时直接将其旋转至胸前，使用起来更加方便。

✍ 单肩侧背包

单肩斜后包

3. 双肩背包

这类摄影包让肩膀受力平均，并且可以让双手得到释放，因而非常适合于需要长途跋涉的定点摄影。

4. 摄影腰包

分为分散式和集中式，和一个中小型的侧背包容量差不多，适合器材要求不错的普通摄影。

双肩背包

✍ 摄影腰包

摄影包常见的专业品牌有乐摄宝、KATA、国家地理、漂流木、赛富图、吉尼佛、天霸、天域、澳洲小野人、白金汉等，同时 MATIN、PELICAN 等摄影箱也都是不错的选择。

提示： 在选购摄影包时，最好到专门的摄影包专卖店去购买，以避免购买到了仿冒品。

✍ KATA

国家地理

✍ 乐摄宝

11.2.2 摄影包的材质与设计

由于摄影包的内部材料大都相同，因此这里仅介绍其外部材质。摄影色的外部材质一般都选用具有较强韧性的面料或是皮革，其中主要以帆布、橡胶复合材料、皮革等材质居多。

棉质帆布

尼龙帆布

1. 棉质帆布

具有舒适的触感，虽然表面可做防水处理，但长时间使用后防水性能会退化，容易导致褪色破损，但这种自然的质感，仍然受欢迎。

2. 尼龙帆布

具有质量轻、韧性强的特性，通常经过多层防水加工处理，防水性能不错，是市面上摄影包大多采用的材质。

3. 复合橡胶

利用发泡的橡胶及布料复合而成，具有保温防水的功能，并且吸震性良好，触感柔软舒适。由于其支撑力欠佳，因此常被用于制作小型摄影包。

4. 皮革

不论是真皮还是合成皮，外型一般都比较时尚，防水性都比较好。其中真皮的价格昂贵，难于保养，反而合成皮的则便宜许多，容易保养。

复合橡胶

皮革

对于专业的摄影包在设计方面都非常注重一些小细节的设计，如织带、扣具等。

1. 织带

作为承载重物的摄影包，选择编织密集的织带，可确保其耐用性。左图所示的胶网防滑手提带，会给人带来优异的手感。

增大摩擦力的特殊织带

2. 扣具

专业摄影包上所使用的扣具是塑钢材质，其质轻、耐重、耐用性甚至比金属材质的更好。

密封防水的拉链

3. 拉链

在选购时，应来回多拉几次，以确认其是否顺畅。上图所示的拉链表面使用的材质，在拉紧之后有防水的作用。

钢扣具　坚固、耐用的塑

让背负轻松的气垫背带

4. 背负系统

特别是在全天候外出使用的摄影包，更需要具有良好的背负系统。特别是使用具有选择柔软且加厚的肩垫设计，可以让肩膀疲劳感得到很好缓解。

重要的相机配件产品

在购买相机时就已经附带了很多相机或镜头的配件，但并不一定所有附件都符合每个人的要求。拍摄者还可以根据拍摄需要完善一些配件，以便更好完成拍摄。

11.3.1　竖拍手柄——更方便的操作方式

✂ 相机　　　　　　　　✂ 竖拍手柄

✂ 横拍可以按相机上的快门按钮

✂ 竖拍时，可以不用转动右手，而是转动相机按下竖拍手柄上的快门按钮即可

除了少数数码单反相机机型，如佳能 EOS 1D/1Ds，及尼康 D3/D3s/D3X 等系类机型外直接具有一体化的竖拍手柄，大部分数码单反相机都是没有竖拍手柄的，因而要使用的拍摄者需要另外购置。

竖拍手柄，让拍摄者在拍摄时，不论是横拍还是竖拍都能保持双手靠近身体最稳定的手持相机姿势。

11.3.2　多个电池——提供充足的电量

上面介绍的竖拍手柄又称电池手柄，从这个名称中就不难看出为相机提供充足的电源保证是很重要的。由于大多数电池手柄可以装载更多的电池，因而电池手柄可以为长时间在户外拍摄的摄影师提供更多的电量。

提示

由于在低温环境电池的电量下降很快，因而在这样的环境中使用，要尽量将电池装在贴身或是保温性能好的装备中。

即便是没有选择使用竖拍手柄之类的工具，拍摄者同样还是需要携带备份电池，因为在户外拍摄，一旦电池没有了电量就只有结束拍摄了。

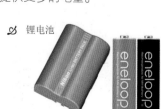

✂ 锂电池

✂ 镍氢电池

11.3.3 快门线——触发控制快门的开启

为了搭配脚架更长时间曝光拍摄，快门线是必不可少的。因为它可以在不直接接触相机从而减少机震的基础上实现了快门的释放，所以在风光及夜景等长时间拍摄时都是很必要的。

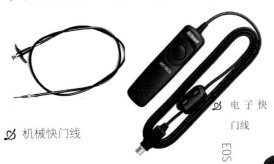

☑ 机械快门线

电子快门线

在使用电子快门线时，由于不同品牌或不同型号的数码单反相机的快门线接口有可能是不一样的，因而必须搭配该品牌该型号数码单反相机专用的快门线才能进行拍摄。

☑ 两段式快门按钮

1. 快门线

快门线分为机械快门线和电子快门线两种。机械快门线主要在传统单反相机上的使用。随着数码单反相机的不断普及，现在的数码单反相机早已取消了传统快门线的接口，取而代之的则是增加了电子快门线的接口。

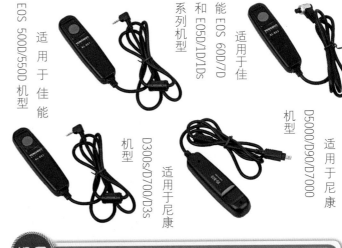

适用于佳能 EOS 500D/550D 机型

适用于佳能 EOS 60D/7D 和 EOS 5D/1D/1Ds 系列机型

适用于尼康 D5000/D90/D7000 机型

适用于尼康 D300s/D700/D3s 机型

> **提示** 在选择快门线时，最好选择具有两段式设计的快门线，这样在 B 门曝光时，释放快门后，不用一直按住按钮不放，将其锁定到释放状态直到获得足够的曝光时间之后再解开锁定关闭快门。以避免长时间按住快门按钮带来的不便，以及可能引起的机震。

2. 遥控器

快门线的另一种形式称为无线快门线，通常也称为遥控器，又分为无线电和红外线两种遥控器。

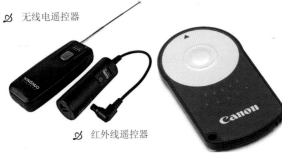

☑ 无线电遥控器

☑ 红外线遥控器

（1）无线电遥控器

无线电遥控器分为接收器和发射器两部分，其中接收器也需要与机身快门线接口连接，因而其接口型号也需要相互匹配，有效距离在几十米甚至是几百米。

（2）红外线遥控器

由于相机具有接收红外线的作用，因而红外线遥控器只有一个发射器，有效距离在 10 米以内。但在使用过程中，需要注意避免被其他物体的阻挡或强光的干扰，否则也会影响快门的正常释放。

11.3.4　遮光罩——有效遮挡光线

利用遮光罩可以遮挡环境中不需要的杂光的工具。由于是安装在镜头的前端，因而在使用过程中必定会出现一些问题。

1.　不同形状的遮光罩

遮光罩是安装在镜头前遮挡影响成像的杂光工具。其常见的形状有莲花形和圆形，通常变焦镜头大都使用的莲花形遮光罩，定焦镜头则惯用圆形遮光罩。

☑ 莲花形遮光罩　　　　☑ 圆形遮光罩

2.　未使用遮光罩的情况

在为逆光环境下，若不使用遮光罩，画面很容易出现过曝或是发挥的现象，还可能在画面中出现眩光。而使用与镜头匹配的遮光罩便可以很好的避免。

☑ 未使用遮光罩　　　　　　　　　　　☑ 使用遮光罩

3.　避免遮光罩不匹配出现暗角的情况

☑ 遮光罩过长与镜头焦距不匹配　　　　☑ 遮光罩与镜头焦距匹配

当然，拍摄者还需要注意所使用的遮光与镜头是真正匹配的，若遮光罩太长就可能因为其阻挡而导致画面的四角出现暗角。这时就只有使用匹配的遮光罩，或是将变焦镜头的焦距向长焦端旋转也可以避免暗角的出现。

11.3.5　柔光罩使闪光照明变柔和

遮光罩是与闪光灯搭配使用的附件，安装在闪光灯前面让强烈的光线变得更加柔和的装置，并且不同的闪光灯都有与之匹配遮光罩。其原理就是把生硬的闪光灯直射光线通过半透明材料，转化为柔和的漫射光，以缓解人像和其他拍摄物体上生硬的阴影。

闪光灯直接闪光

内置闪光灯柔光罩

外接闪光灯柔光罩

若直接使用闪光灯拍摄，可以从画面中看到，画面的明暗反差较大，并且人物面部的明暗分明，阴影显得很生硬。

在闪光灯前加上柔光罩之后，人物的面部及身上的明暗过渡更加缓和，光线显得柔和了许多，画面整体感觉变得更加自然。

使用柔光罩闪光

提示：若未携带遮光罩，拍摄者还可以使用卫生纸或是半透明的塑料袋对光线进行一定柔化。

相关器材的保养与清洁

在使用相机时要坚持正确的使用方法，以及注意在一些极端环境下的特殊问题。在使用之后，还需要对机身及镜头做好保养与清洁。

11.4.1 外出使用时的注意事项

外出使用相机需要注意的地方很多，这里主要对夏季和冬季展开了解。

1. 夏季及高温环境使用特别注意事项

（1）请勿将相机放在温度过高的地方，如阳光直射的汽车内，因为高温可能导致相机故障。

（2）将相机置于干燥的环境中，特别是南方地区的夏季往往空气比较湿润，而在这样的环境下容易出现霉菌。

（3）风沙很容易刮伤相机的镜片，因而在戈壁、沙漠环境下拍摄，尽量不要将相机拿在手上，在找到拍摄地点之后再取出相机。

2. 冬季及低温环境使用特别注意事项

（1）在低温环境下，特别要避免相机不会受到意外的碰撞，否则很可能造成机身损坏。

（2）若相机突然从低温处进入温暖的房间，可能造成相机表面和其内部零件结露。为防止结露，请先将相机放入密封的塑料袋中，然后等其温度逐步升高后再从袋中取出。

（3）一旦相机出现结露现象，请勿使用，以免损坏相机。如果发生这种情况，请将镜头从相机上卸下，并取出存储卡和电池，等到结露蒸发后再使用相机。

11.4.2 必备的清洁工具

必备的清洁工具主要有以下几种。

（1）毛刷：清除机身或镜身表面灰尘。

（2）气吹：清除无法使用毛刷去掉的灰尘，减少清洁工具直接与镜头或机身的接触摩擦而带来的损伤。

（3）镜头纸：专用于擦拭镜头中镜片的纸张，以免刮伤镜头表面的镀膜，切忌不要使用一般纸张。

（4）镜头布：大都用于擦拭镜头及机身外部。

（5）镜头笔：专门用来清洁镜头的工具，和镜头纸一样几乎不会刮伤镜片。很多镜头笔都是两用的，一头可以扫除灰尘，一头专门用来清洁镜片。

（6）清洁液：通常清洁液分为两种，一种是清洁机身，一种是专门用来清洁镜片的。通常它们都可以让比较难于清理的顽固污渍变得更加容易清理。

◢ 毛刷　　　◢ 气吹

◢ 镜头布

◢ 镜头纸

◢ 镜头笔

◢ 清洁液

11.4.3　机身外部的清洁与保养

　　虽然机身外部的干净与否不会影响拍摄的质量，但是相机上的灰尘和污渍过多还是会影响在相机上查看照片，以及通过取景器取景拍摄，因而还是需要对其进行清理的。

　　通常我们使用毛刷清扫机身表面缝隙的灰尘，如上左图所示；再用镜头布擦拭机身液晶屏上的油渍、指纹等污垢，如上右图所示。

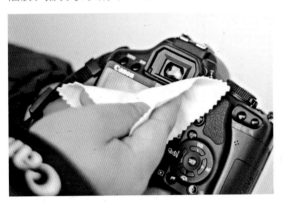 

　　在清洁机身时，不要忽视了对取景器的清理，可以用镜头布擦拭目镜，如上左图所示；为了进一步对其进行清洁还需要将目镜罩取下，如上右图所示。

 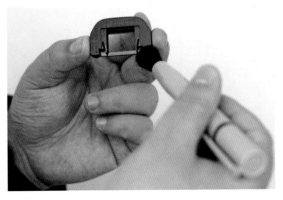

　　在取下目镜罩后，可以用毛刷对目镜周围进行清灰处理，如上左图所示；接着还可以用毛刷对目镜罩上的灰尘进行清除，如上右图所示。

11.4.4 机身内部的清洁

对于机身内部的除了清洁感光元件之外，还有反光镜、电子触点。

请勿用手指接触机身镜头卡口的电子触点，以免触点受到腐蚀，而出现无法识别相机镜头的现象

取下镜头之后，使用气吹对反光镜上的灰尘进行清理即可，如上左图所示；使用镜头布等清洁工具对电子触点进行处理，如上右图所示。

下面以佳能 EOS 数码单反相机为例，讲解对感光元件进行清理的 3 种方式。

✍ 在设置菜单中选择"清洁感应器"选项

液晶屏的亮度	☼ ───┴─── ☀
日期/时间	'09/12/15 18:47
语言	简体中文
视频制式	PAL
清洁感应器	
实时显示功能设置	

清洁感应器	
自动清洁感应器	启动
立即清洁感应器	
手动清洁感应器	

✍ 当反光镜升起之后，使用气吹进行清洁

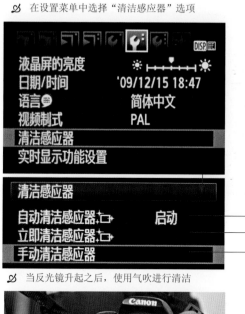

✍ 不要直接触碰感光元件，以免造成损坏

✍ 开启自动清洁功能，在开关机时自动清洁感光元件

自动清洁感应器

电源开关切换至<ON>或<OFF>时,用相机的清洁功能自动清洁感应器

| 启动 | 关闭 |

✍ 开启立即清洁功能，立即清洁感光元件

立即清洁感应器

用相机的清洁功能清洁感应器

| 取消 | **确定** |

✍ 开启手动清洁功能

手动清洁感应器

反光镜会升起。请清洁感应器。

| 取消 | **确定** |

11.4.5 镜头的清洁与保养

与清洁机身相同，对于镜头的清洁一样分为内外两部分。特别需要注意的是直接对光学成像的镜片进行清洁时的方法。

对于镜头的外部进行清洁，首先使用毛刷除去缝隙中的灰尘，如上左图所示，再使用气吹吹除灰尘；还可以使用镜头布对镜头表面的指纹、污渍进行清洁，如上右图所示。

对镜面的清洁，首先，还是使用气吹对镜面上的灰尘进行吹除，如上左图所示；再使用镜头笔，或，使用的镜头纸对镜面以由内向外画圆的方式进行擦拭如上右图所示。即便没有将灰尘或污渍彻底清除，也可以将其带到镜头的边缘，以便再使用其他措施进行清理。

镜头电子触点

前面已经介绍了机身镜头卡口处的电子触点，而这些触点正是与镜头卡口上的电子触点连接后才能使相机能够接受到镜头上的数据信息。因而对镜头后端卡口上的电子触点同样不能直接用手指接触，也需要拍摄者使用镜头纸或镜头布进行擦拭以免触点腐蚀。

提示

在对镜头表面或是机身内部使用气吹清除灰尘时，都应该将镜面或是机身卡口朝下，这主要在于灰尘也是有重量的，以免吹去之后又因重量原因落回原处。

晶莹水滴　【光圈优先模式　光圈：F11.0　快门：1/200s　ISO：200　焦距：100mm】

获取更多的实战拍摄经验

5

大千世界，无奇不有，如何将所见所闻用手中的相机记录下来，是实际拍摄中常常会遇到的问题。数码单反相机的出现为人们带来了极大的方便，它可以将影像以完美的画质效果记录下来。

在了解了前面所介绍的数码单反相机结构及使用方法后，本篇作为实战操作部分，将展示更多有用的实战拍摄信息，指导大家在真正的实际拍摄操作过程中掌握更多实用的方法，从而将身边的动物、植物、城市建筑、朋友亲人等不同的对象以最为完美的效果呈现并记录下来。

第 12 章　风光摄影	第 16 章　夜景摄影
第 13 章　建筑摄影	第 17 章　植物摄影
第 14 章　人像摄影	第 18 章　动物摄影
第 15 章　静物摄影	

第12章

风光摄影

驰骋在高原广阔的蓝天下，心也随之自由飞翔起来了。

于是，按下快门，不断地按下快门，拍摄那些透过车窗看到的野外风景，以及借助车窗中影子形成的有趣对比画面，此时的我们可以像孩子一样，投入到大自然的美景中去……..

驰骋高原　【光圈优先模式　光圈：F5.6 快门：1/800s
ISO：250　焦距：18mm】

12.1 风光摄影中常用的器材

在风光旅游摄影中，为达到更好的画面表现效果，要在不同的镜头中进行挑选，如标准镜头、广角镜头和鱼眼镜头等。为使画面呈现更完美的效果，还需要结合很多的器材附件，如渐变镜、三脚架等。下面将具体讲解一些常见的摄影器材在风光摄影中的使用方法与产生的效果。

12.1.1 广角镜头使纳入的场景更宽广

广角镜头的视野范围相对于其他镜头来说会更显宽广。在拍摄风景类照片时，首先要考虑的是借助更广的镜头来展示现场的气势。在传统相机中，28mm 以上的广角镜头是很普及的，应用在风景拍摄中，涵盖了此焦段的所有广角镜头，都可以呈现很好的视觉效果，容纳更为广阔的视野范围。

尼康 12-24mm F14G 广角镜头，集广角与超广角于一身，恒定的光圈使成像更锐利清晰

选取合适的拍摄地点，确保拍摄地的稳固性和安全性。耐心的等待光线，在日落前的时间段进行拍摄，此时光线为侧光，能够使山体呈现明显的明暗对比，增强山体的立体效果。选择 20mm 焦段，通过取景器开始构图，借助 V 字形构图突出山脉的造型。

迷人的田园风光 【手动模式 光圈：F11.0 快门：1/180s ISO：100 焦距：20mm】

12.1.2　使用渐变镜压暗天空色彩

　　渐变镜是提高照片高动态范围的好帮手。所谓高动态简单来说就是指在照片中有很大的明暗反差。使用渐变镜多数时候是用来拍摄带有天空的风景照片，主要是为了防止天空过曝或者是天空以下部分过暗。渐变镜是属于渐层滤镜范围的一种滤镜。此外，渐变镜有不同颜色的渐变，常见的有蓝色渐变镜、橙色渐变镜等。

　　　不同颜色的圆形渐变

　　　　　方形渐变镜需要与上右图所示的滤镜套座结合使用，更方便安装在镜头前方

　　拍摄下图的高原景色时，先将蓝色的圆形渐变镜旋转安装于镜头前方，选择较小的光圈值进行拍摄，可以获取更多的画面细节。查看所拍摄的画面会发现，天空不仅没有出现过曝，反而更蓝了。画面色彩显得更为饱满、沉稳和厚实。

蓝色渐变镜

蓝天下的高原
【光圈优先模式
光圈：F11.0
快门：1/400s
ISO：100
焦距：22mm】

　　　　使用蓝色渐变镜时，要注意使有色的一面在天空的位置区域

　　相同的场景下，使用相同的拍摄参数，此时将蓝色渐变镜取下，从所拍摄的画面可以看出，天空与大地的对比明显削弱了，同时容易出现天空曝光过度的情况。

12.1.3 使用三脚架最大限度稳定相机

在拍摄风景照片时，三脚架也是不可缺少的。特别是在使用低速快门拍摄，或是使用长焦镜头拍摄远处的景物时，三脚架均能够最大限度地稳定相机，让拍摄者更为轻松地获取清晰锐利的风景画面。

✍ 三脚架的使用可以有效稳定相机

选择在日落时分拍摄，由于光线较暗，为了获取足够的进光量，拍摄者使用了 1/15s 的曝光时间，同时结合较小的光圈，获取了满意效果的画面。为避免手持相机时发生抖动，将相机固定在三脚架上，使拍摄的画面画质更加清晰锐利。明暗的对比突出强调了主体对象，逆光的照射，也突出了树木的轮廓造型，增添了唯美的意境效果。

逆光树影　【手动模式　光圈：F10.0　快门：1/15s　ISO：100　焦距：35mm】

12.2 拍摄秀丽的山景

每座山都有其造型特征，不同的气候或天气可表现不同的山景效果。不同山景有不同的拍摄方式和要突出的重点，拍摄时可利用近景和远景的虚实对比强调距离感，还可以利用偏光镜抑制蓝天的反射，让山景显得更加秀丽。

12.2.1 表现连绵山脉的线条感

在拍摄山脉时，若要表现它的连绵不绝，通常情况下可采用横向构图方式。通过纳入多个连绵的山脉来表现山峦的波浪式线条，以此展现多曲线组合在一起所产生的画面视觉差异。

下图使用广角取景能够使画面视野更宽阔。使用横向持机的方式，采用横画幅表现眼前景色。同时将相机角度放低，尽量贴近地面进行拍摄，以便纳入更多的前景花朵。更好烘托远景山脉的起伏感。由于是顺光拍摄，为避免画面产生眩光，还需要在镜头前添加遮光罩，以实现最佳拍摄效果。

提示.
同样是表现起伏的山脉，取景点也可尝试更多的不同。如选择在较高的地点拍摄，除呈现山脉的线条感外，还可以使用俯角度将更多的全景呈现。如果选择与山脉平角度的侧面取景，线条则更加的明显。需要注意的是，无论取景点有何不同，都应借助广角镜头来表现。

夏日草原 【光圈优先模式
光圈：F8.0
快门：1/800s   ISO：200
焦距：24mm】

12.2.2 拉近拍摄挺拔的山峰

由于地理环境的差异和气候条件的不同，大自然中遍布形态各异、挺拔陡峭的山峰。每一座山峰都有不同的造型特点，通过镜头可以表现不同的画面效果。由于山峰的地势一般都比较险要，因此可以借助长焦镜头将其拉近拍摄，从而更好地加强山峰的主体性，突出其挺拔的姿态。

下图在拍摄时将长焦镜头安装在相机上，以仰角度进行取景，从而更好地突出了其挺拔的姿态。195mm焦距将雪山拉近拍摄，使其充满画面形成紧凑构图，能够更细腻地表现山脉的细节特征。由于拍摄对象为雪山，相机针对大面积过亮的区域进行测光，常常会产生曝光不足的情况，因此需要适当增加曝光补偿值。

无限险峰　【风景模式　光圈：F9.0　快门：1/400s　ISO：200　焦距：195mm】

✍　高色温使画面呈暖调，营造出　　　　✍　低色温增强冷调效果，更添雪山的
　　日出的气氛　　　　　　　　　　　　　　神秘氛围

提示

特写表现山脉的山峰时，可以使用长焦镜头拉近取景，但需要特别注意的是，在长焦段手持拍摄，画面很容易变得模糊，这也是由于手持相机易抖动造成的，因此常常要借助三脚架的搭配使用。

12.2.3　远近大小对比突出距离感

　　在拍摄山景时，如果想要突出空间上的距离感，可以将近处的景物与远处的景物同时纳入。通常近景与远景之间会形成一定大小的比例关系，表现在山景上即同样的山脉，近景看起来更加的高大雄伟，而远景则显得起伏连绵，从而进一步突出了空间上的距离感，使视野范围也自然由近及远延伸出去。

　　下图选择一个较高的拍摄地点，可以将视线前方的多个山脉同时以俯角度视角呈现。借助广角镜头取景，在构图时将前景山脉以较大的比例纳入，远处的众多山脉作为环境与背景更好地交待了拍摄的场景。阴天的光线显得柔和，但透过云层的光线仍将山脉的色彩呈现得十分艳丽。

| 秋日高原 | 【光圈优先模式 | 光圈：F10.0 | 快门：1/125s | ISO：100 | 焦距：36mm】 |

✍　色彩的对比增强了视觉的冲
　　击力，给人留下深刻的印象

✍　仅仅呈现远景时，突出不了空间
　　上的延伸效果

✍　单一的山脉突出不了画面的
　　气势

12.2.4　阴影赋予山景丰富的光影效果

在拍摄山脉时要充分有效地利用光线。通常来说，早上日出后与下午日落前的光线最佳。这两个时间段的光线不是最为强烈，同时照射方向为侧面角度，能够有效为画面增添丰富的阴影，突出明暗上的对比。

右图区别于其他取景方式，将相机竖向持握，可以突出山脉的高度感。选择两山之间的峡谷地段，不仅能够表现山脉的形态，还能注入曲线构图。侧面角度的光线，使画面形成强烈的明暗对比，同时也强化河谷的线条，引导视线向前延伸。使用点测光模式针对亮部区域进行测光，同时降低曝光补偿值使明暗对比更为强烈。如果只针对暗部测光，会导致亮区过曝。

✍ 侧光更好地强调了河曲的 Z 字形线条

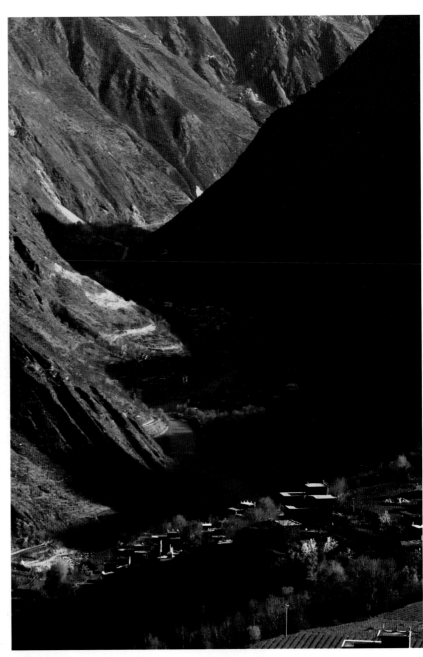

光影峡谷　　【光圈优先模式　　光圈：F10.0　　快门：1/125s　　ISO：100　　焦距：20mm】

12.3　拍摄动人的水景

水具有灵动的特点，区别于山景，水景的拍摄技巧更多。要想获取不同的水景效果，可以尝试多种拍摄方法，如使用不同的快门速度记录水景动态、使用偏振镜避免水面反光、使用色彩的对比强化水景效果、使用不同的构图方式呈现水景的形态等。充分利用不同的表现手法，会使所拍摄的水景更加动人。

12.3.1　赋予水景丰富的色彩

在拍摄水景时，除展现水景清透的效果外，还可以适当纳入周围环境中的元素对象，起到烘托陪衬的效果。由于光线的反射作用，在晴朗的天气条件下，水面反射蓝色的天空色彩，会呈现更为纯透的蓝色效果。

右图中拍摄者使用竖画幅取景，重点突出水景的清透与蓝色视觉效果。在取景构图的同时，适当纳入了部分红色的秋叶作为前景，增强了画面中的色彩对比效果。丰富的色彩使水景给人的印象更加深刻。平均测光模式针对大区域范围进行测光，保证了整个画面的准确曝光效果。

✍ 纳入前景注入了更多的色彩元素。如果前景过多。会影响主体的表达

✍ 丰富的色彩形成强烈的对比效果

多彩九寨　【快门优先　光圈：F32.0　快门：1/30s　ISO：100　焦距：17mm】

12.3.2　拍摄充满动感的瀑布

　　山间的瀑布一泻而下，为其间宁静的风景增添了一分生气。要想捕捉瀑布流动时的动态景象，可以使用较慢的快门速度进行拍摄。此时流动的瀑布将被凝固成白色的雾状体，如丝般顺滑。拍摄时要注意选择恰当的取景方式，依靠周边环境元素的衬托，能够将充满动感的瀑布更好地表现出来。

左图中使用光圈优先模式，将光圈设置为 F22.0 的小光圈，快门速度将自动变慢。慢速快门下的瀑布形成如丝般的薄雾状，将水流顺势而下的姿态凝固于画面中。从较低处仰拍可以更好地突出瀑布垂直空间感，增强瀑布从上而下的层次细节。

慢速快门下的水流凝固成薄雾状

提示 　　在使用慢速快门拍摄动态效果的瀑布时，要注意避免曝光过度使得画面丢失亮部细节。通常可以选择光圈优先模式拍摄，使用小光圈时相机为了保证曝光正常可以自动降低快门速度。

迷人的瀑布　　【光圈优先　　光圈: F22.0　　快门: 1s　　ISO: 200　　焦距: 30mm】

12.3.3　拍摄平静的水面倒影

　　当水面显得特别平静，天气又比较晴朗的时候，水中将出现有各种趣的倒影。岸上的风景秀丽动人，水中倒影栩栩如生，两者相互呼应别有一番韵味。借助倒影拍摄能够增添画面有趣的成分，从而衬托水面平静、清澈的效果，因此可选择色彩元素更丰富或者形状独特的倒影让画面景色更胜一筹。

　　下图中选择横画幅构图，将宽广的水面以前景形式大比例纳入画面，着重表现水中倒影带来的视觉感受。由于岸边多彩的树叶显得十分秀美，清澈的水面浮现出梦幻般的色彩，借助色彩将景物的各个层次凸显出来。在 1/400s 的快门速度下，水面具有镜面效果，使得画面如同一幅油画般动人，同时还能表现画面中的宁静感。

油画般的倒影　　【光圈优先模式　　光圈：F7.0　　快门：1/400s　　ISO：100　　焦距：20mm】

✍ 结合水平线构图能够进一步表现水面的宁静感

✍ 纳入宽广的水面作为前景，不仅可以反映大面积的水中倒影，还能使观者视野得到延伸

✍ 画面中大量的冷暖对比色更容易给人留下深刻的印象

12.3.4 结合偏振镜削弱水面反光

在拍摄水面时，可以拍摄水中独特的倒影，倘若湖水清澈见底，还可以拍摄水底的精彩景象。尽管适量的水面反光可以让水面看上去波光粼粼，但是在拍摄水底时不恰当的反光十分容易干扰水底景象的表现，此时可以借助偏振镜来消弱水面的反光现象。

❣ 偏振镜用来消除水面反光现象

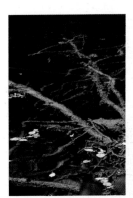

❣ 使用偏振镜后水底树枝清晰可见

右图是将偏振镜安装在镜头前方拍摄的水面，此时可见消除了水面的反光后水底的景物显得十分清晰。凌乱的树枝以多个线条的形式展现抽象的艺术美，增强了水底的神秘感。

神秘的水底　【光圈优先模式　光圈：F3.2　快门：1/100s　ISO：200　焦距：50mm】

12.3.5　寻找具有视觉引导作用的河流

蜿蜒的河流通常具有较强的方向感，拍摄者可以顺着河流的方向选择不同角度进行拍摄，将河流的流向以各种线条的形式纳入画面当中。借助这种线条可以起到引导视线的作用，引导观者的视线顺着河流的方向延伸到画面深处。

上图，拍摄者从高处进行俯拍，利用小光圈使得整个河流细节均清晰呈现在画面中。同时借助河流带动观者视线，从近处一直延伸到画面的深处。

蜿蜒的河流　【光圈优先模式　光圈：F8.0　快门：1/400s
ISO：100　焦距：180mm】

顺着河流引导观者视线

奔腾的河流
【程序模式
光圈：F10.0
快门：1/400s
ISO：800
焦距：18mm】

右图，顺着河流的方向进行拍摄，起到引导视觉走向的作用。拍摄时使用大景深能够将远近细节清晰展现，通过近大远小对比突出河流深邃感。

12.4 拍摄纯静的雪景

雪景总是让人联想到纯洁，无论是拍摄房屋上的冰棱，还是白茫茫的大雪，其壮观的场面总是不言而喻。由于雪景需要依靠大量的白色或浅色进行表现，因此拍摄雪景需要一定的摄影技巧，才能更好地加强人们对冰雪的感受，将美丽的雪景更加真实地还原在画面当中。

12.4.1 设置白平衡表现纯白雪景

冬天的白雪将大地覆盖，放眼望去白皑皑一片甚是动人，此时大家总是忍不住要举起相机将眼前这一美好景象拍摄下来。当天气比较晴朗时，由于白雪具有极强的反射能力，蔚蓝的天空使得白雪看上去偏蓝，此时则需要通过设置白平衡来纠正白雪的色彩，使得所拍摄的雪景看上去更显纯白。

左图选择晴朗天气时拍摄冬的白雪皑皑。为了表现更为纯白的雪景，拍摄时将白平衡模式调为高色温的晴天模式，将偏蓝的大雪还原为纯白的色彩。选择对角线构图还能增强画面的灵动感，使得雪景看上去更为生动。

纯洁的白雪 【光圈优先模式　光圈：F4.5　快门：1/1000s　ISO：100　焦距：80mm】

使用对角线构图方式可营造雪景的不稳定感，从而为画面增添一份灵动的效果

提示

通常情况下，大面积的雪地会呈现偏蓝的色彩，特别在雪后光照充足的情况下尤为明显。比时可以使用 18%中灰板手动设置白平衡。如果没有 18%中灰板，可以用白纸或者灰色胶卷盖代替，也可以选择高色温的白平衡模式设置进行拍摄。

12.4.2　增加曝光补偿拍摄雪景

在拍摄雪白的画面时，通常会应用高调的拍摄手法来表现白色。此时拍摄出来的雪景画面常常会显得有些灰，没有实际的那么白，这是由于相机不同于人眼可以自动改变对色彩的认知。此时就需要提高曝光补偿值，以准确还原色彩。

下图所示为屋顶覆盖的皑皑白雪，拍摄时增加 1.0EV 的曝光补偿值后，可将白雪纯白的色彩更纯正地表现出来。借助顶光照射下在白雪垂直面上所形成的阴影，可以将雪的层次表现出来，并突出白雪厚重和晶莹的质感。

冬之雪　　【光圈优先模式　　光圈: F5.6　　快门: 1/1000s　　ISO: 100　　焦距: 80mm】

✍ 顶光照射下的白雪垂直面形成阴影，借助明暗光影可突出雪的质感

✍ 未使用正曝光补偿所拍摄的白雪看上去发灰，无法表现雪纯白色彩

提示　由于白雪具有较强的反光能力，若相机以较高的快门速度进行拍摄会导致画面曝光不足，因此所拍摄的白雪就会发灰。有鉴于此，在拍摄白雪时，通常要增加 1~2 挡的曝光补偿来获取纯白画面。

12.4.3 借助光线表现雪的质感

雪不仅拥有着洁白的色彩，在光线的照射下还显得格外闪亮，十分具有光泽质感。光与影是相呼应的，雪地上光与影的层层过渡可以将雪地的厚实质感有效地衬托出来，同时这种明暗对比还能赋予画面立体感。

左图中的雪地在顶光的照射下，上端部分显得洁白无瑕，晶莹闪亮；而垂直面则形成渐进的阴影，将雪厚重的质感衬托出来。借助光线不仅能够使得雪地具有立体感，还能细腻地描绘出白雪的颗粒状效果，将雪地的蓬松、厚实、晶莹的质感表现出来。

蓬松的雪地　【光圈优先模式　光圈：F5.6　快门：1/2000s　ISO：100　焦距：80mm】

顶光照射下突出雪地厚实、蓬松等质感

右图中的雪地由于受到侧光的照射而形成强烈的明暗对比，大面积的阴影赋予画面光影效果的同时，也展现了雪地厚实的质感。

✍ 侧光照射下的雪地可突出厚实质感

提示

大面积的白雪容易让人产生视觉疲劳，恰当的阴影能够起到一种缓冲作用，增进画面的层次节奏感，使画面看上去更柔美。

雪的王国　【光圈优先模式　光圈：F5.6　快门：1/4000s　ISO：100　焦距：85mm】

12.4.4　特写晶莹的冰花

　　在天气寒冷的季节里，常常可以看见美丽的冰花。这种天然去雕饰的景物总能给人带来美的感受，拍摄时要注意将其晶莹剔透的特点完美地诠释出来。在拍摄冰花时，要注意反光会影响画面效果。可借助光线表现冰花的质感，突出晶莹剔透的视觉效果。运用特写的手法，还能增强冰花的表现力，使各个细节清晰可见，给人留下深刻印象。

　　左图为靠近玻璃窗上冻结的冰花进行拍摄的画面，对其进行特写，从而将冰花的各个细节清晰地展现出来。借助黑色背景，在顺光照射下的冰花看起来格外透亮，丰富的线条将冰花形状有机地描绘出来，具有艺术形态美。

晶莹的冰花　【光圈优先模式　　光圈：F3.2　　快门：1/100s　　ISO：400　　焦距：50mm】

　　右图使用长焦镜头将地面的冰花拉近，使得冰花绒绒的棱角形态均十分清晰地展现在观者眼前，可满足观者的好奇心理，吸引其眼球。沐浴在阳光下的冰花，受光面显得更加晶莹，借助日光还能给人一种温暖的心理感受。

可爱的冰花　【光圈优先模式　　光圈：F4.5　　快门：1/1250s　　ISO：100　　焦距：50mm】

12.5 拍摄迷人的日落

日落的色彩十分迷人，借助红日、彩霞或近处的景物对象可以很好地表现环境氛围。由于日落的时间较短，在拍摄前应提前做好拍摄准备，拍摄时的动作要尽量快，选择最佳效果的画面进行取景构图。

12.5.1 纳入地平线表现日落

日落时，太阳将从地平线的上方缓缓下落，要想展现太阳日落的这种视觉效果，就要借助地平线来进行衬托。同时这种点与面结合的画面，还能够表现出太阳即将落入地平线之下时，附近景物丰富的层次，从而加强由日落余晖所渲染的色彩效果。

在下图所拍摄的日落景象中，同时将地平线纳入画面，借助地平线不仅可以营造出日落时的动感，还能突出大海宽广的效果，表现日落时的壮观景象。	绚丽夕阳　【光圈优先模式 光圈：F6.3　快门：1/800s ISO：200　焦距：200mm】

日落时画面中的色彩均以暖调色彩为主，这种相邻色彩可增强画面的舒适氛围

纳入地平线使得画面呈水平线构图，突出宁静感

12.5.2 借助光线变化表现日落的意境

日落时的天空色彩可以成为拍摄者表现的主体对象，在太阳即将落下山之前的短暂几分钟里，天空被太阳渲染得十分漂亮，借助这种由光线变化而对周边景物所产生的影响，拍摄者可以抓住时机，按下快门，拍出突出夕阳西下时那种特殊意境的作品。

下图所示为太阳即将下山，绚丽的余晖将天空染成了极暖的橙色调这样一种景象。靠近太阳的山脉形成褐色，而远离太阳的景物则完全形成暗调剪影形态。这种色调上的差异在画面中层次鲜明，显得有条不紊，同时山间漂浮的雾气在阳光的照射下也清晰可见，为画面烘托日落意境又增添了一抹亮色。

山头的落日 　【光圈优先模式　光圈: F2.7　快门: 1/2500s　ISO: 100　焦距: 50mm】

✍ 纳入高山可以展现太阳西下时的动感

✍ 夕阳将天空染成暖调，山脉形成冷调，两者相互对比烘托氛围

✍ 在落日的余晖照射下，画面中的的色彩从下至上从冷调逐渐变为极暖色彩，层次鲜明地展现了日落意境

12.5.3 借助水面突显日落的色彩

在拍摄日落时，通常会选择水面进行搭配，宽广的水面不仅能够展现更为壮丽的日落景象，同时由于水面具有较好的反光效果，能够将日落的色彩衬托出来，突出日落光辉带来的视觉效果。拍摄时可同时纳入一些有趣的景物，让画面显得更为生动有趣。

下图以水面景象为主体，拍摄落日下的海岸景象。拍摄者从高处进行俯拍，可以同时纳入更多的景物来丰富画面，落日余晖将水面渲染成金灿灿的光色，荡漾的水泛着闪闪白光，使得水面更为生动。逆光下的船只和人物形成了剪影轮廓，更为强调日落时分岸边人们活动的一种环境氛围。

金色海岸 【光圈优先模式 光圈: F11.0 快门: 1/250s ISO: 100 焦距: 300mm】

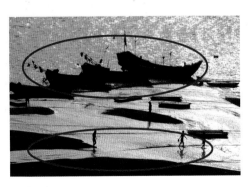

✍ 画面中的船只与人物形成大小对比，可形象地突出画面的宽广

✍ 远近景物的安排，可表现出画面的远近层次感

提示

日落时天空的光亮，与处于逆光环境下景物的光亮可形成鲜明对比。此时即可以获得独特的日落光辉，同时处于逆光下的景物十分容易形成剪影效果，适当地降低曝光补偿能够让这种明暗对比变得更为强烈。

第13章

建筑摄影

仰头抬望，沐浴在阳光下的索菲亚教堂是如此的高大和雄伟……

此时天空也为其所倾倒，以如此纯净的蓝色进行衬托；看，那自由的白鸽围绕在教堂周围，传颂着它的庄严与神圣。

雄伟的建筑 【手动模式 光圈：F2.8 快门：1/320s ISO：100 焦距：10mm】

13.1 拍摄建筑所要使用的器材

时代在发展，城市建筑也成为时下流行的拍摄题材。对于城市建筑而言，可拍摄的方式较多，可以使用广角镜头展现整个建筑全景，也可以使用长焦镜头拍摄建筑局部细节。尽管同样是拍摄建筑题材，但是选择的器材不同，会使得整个画面主体、风格、思想截然不同，因此在拍摄时，要注意选择合适的器材表现建筑。

13.1.1 使用广角镜头获取透视画面

由于广角镜头的视角要比人的正常视角宽，因此镜头能将纵横两个方向的大部分景物收入画面，呈现一个视野开阔、包容众多景物的画面。这种焦距短、视角大的广角镜头，在近距离拍摄建筑时，线条透视效果强烈，线条倾斜、变形具有某种夸张的效果，特别是镜头距离景物越近，这种变形与夸张的效果就越明显。

上图中使用广角镜头表现整个建筑面貌，由于广角镜头的视野较宽，可在相对的近距离下将其完整纳入画面，通过建筑中线条的线性汇聚，增强画面的透视感。

壮丽的建筑
【风景模式
光圈：F14.0
快门：1/500s
ISO：400
焦距：18mm】

借助汇聚性线条表现透视感

13.1.2　使用长焦镜头拍摄建筑细节

　　建筑之美不仅体现在整体形式的构成上，还体现在一块石头、一个屋檐等细微的局部。越是精细的部分越容易引起观者的好奇心。对于高大的建筑而言，使用长焦镜头将其拉近拍摄更容易获取建筑各个景物的细节部分。

　　左图中使用长焦镜头将建筑的局部细节拉近特写，展现了更多的墙面色彩、纹理、图案细节，以及建筑上方独特的壁画，表现出异域建筑的独特风格。

✍　画面中整体色彩以浓郁的橘红色为主，突出了画面的暖调氛围

提示·

　　在使用长焦镜头对建筑的某个局部进行取景时，可借助光影效果让画面更显生动。明媚的侧光不仅能够使建筑的色彩更为亮丽，同时还能借助暗部阴影突出建筑纹理图案的立体感。

教堂的色彩　　【光圈优先模式　　光圈：F3.2　　快门：1/500s　　ISO：200　　焦距：135mm】

13.2 以不同角度拍摄建筑

拍摄城市建筑时，无论拍摄单个建筑或群体建筑，都要选择最佳的拍摄角度。使用不同的拍摄角度可强调不同的画面效果，营造独特的视觉氛围。在选择拍摄角度时，要根据建筑自身的构造特点，在光线好的情况下，也要考虑光影效果的影像，从而获取最为精彩、具有创作性意义的建筑画面。

13.2.1 仰拍体现雄伟的城市建筑

以仰视角拍建筑时，极易造成建筑的变形，若结合广角镜头拍摄，能够更好地运用透视的关系营造建筑雄伟的气势。在拍摄过程中，可适当调整拍摄角度，再抓住建筑的造型特点将其完美地捕捉在画面上。

光影下的建筑 【光圈优先模式 光圈：F8.0 快门：1/200s ISO：100 焦距：24mm】

上图以仰角度表现侧光下的建筑，展现了城市建筑雄伟壮阔的特点。借助明亮的光影效果，建筑看起来更为生动，同时以蓝天作为画面背景，使得其主体更为突出。

✍ 利用广角镜头以仰角度进行拍摄使其具有线性汇聚感，有效地突出了建筑的高大气势

13.2.2　横拍建筑让视野更宽广

以横向取景拍摄建筑，不仅可以表现单独的一栋建筑，还可以表现汇集多个建筑的建筑群。拍摄时要将这些建筑规律地分布于画面之中，以增强画面前后的空间层次效果，横向的取景方式结合水平线构图，画面会显得更加宽广开阔。建筑物静止不动的特点，为拍摄者提供了更方便的拍摄机会，从而可以选择更好的构图以获得最佳的拍摄效果。

> 　　下图以横画幅表现了宽广的泰姬陵。横画幅适宜拍摄较为辽阔、盛大、雄伟的建筑，能够有效地将泰姬陵完整地纳入画面。同时以平角度取景是最能够体现建筑真实面貌的拍摄手法，符合人类日常观看景物的习惯，使拍出的建筑看上去会更显自然、贴切。

圣洁的泰姬陵　　【光圈优先模式　　光圈：F5.6　快门：1/500s　ISO：100　焦距：16mm】

- 横画幅更容易将宽广的建筑完整地纳入画面，同时还能让视野更为辽阔
- 画面中的主体形成对称式构图，展现出建筑庄严、圣洁的一面
- 在侧光照射下的建筑，受光面较明亮，而背光面则较阴暗，通过强烈的明暗对比，可在平面画面中凸显出建筑的立体感

13.2.3 俯拍展现耸立的楼盘

如果摄影者想要集中表现某个城市或者乡村的整体建筑结构，可以考虑选择一个制高点来进行俯视拍摄。有条件的摄影者，还可以对大量的建筑物进行航拍。一般情况下，人们欣赏建筑物的时候，通常是以仰视或者平视的角度，俯视的角度是不常用的，因此，一张能够涵盖和收取某个场景的建筑全貌的画面，对广大欣赏者来说是赏心悦目的。

左图所示为拍摄者站在高处俯拍的耸立楼盘。由于俯拍可纳入更多的建筑，并可压缩建筑间的距离，因此建筑的数量看上去更为庞大，并显得十分密集，以此展现城市建筑的一个状态，依靠耸立的楼盘达到震撼观者心灵的效果。

兴起的城市　【手动模式　光圈：F11.0　快门：1/200s　ISO：200　焦距：30mm】

提示

乘坐飞机时，在允许拍照的情况下，可以透过飞机的玻璃窗俯拍更为辽阔的城市建筑。此时可将镜头尽量贴近玻璃窗，或用手遮挡住镜头周围的光亮，避免拍摄玻璃的反光画面。

航拍城市景象
【光圈模式　光圈：F8.0
快门：1/125s　ISO：100
焦距：18mm】

上图所示为使用相机以鸟瞰方式拍出的飞机下方的城市景象，整个城市以板块状呈现在观者眼前，耸立的楼盘显得更为密集和辽阔。缕缕白烟反映了生活的气息，让画面更具生动性。

13.2.4　正面拍摄表现正面的特征

　　建筑由许许多多线条组成，这些线条在设计师的手下形成了精美而独特的面。拍摄者如果想对建筑的面进行拍摄，可选择正面取景，还原建筑面的真实景象，这也是最能完整呈现建筑面特征的基本拍摄技法。

　　下图中拍摄者选用广角镜头从正面拍摄建筑，展现其独特的创意造型。由于建筑呈圆形，因此它的正面具有很强的弧度，借助这种弧度还能使观者的视野更为宽阔。同时通过纳入建筑正面，可突出更多建筑独特之处，给人留下深刻的印象。

特色建筑　【光圈优先模式　光圈：F8.0　快门：1/250s　ISO：100　焦距：17mm】

　✍ 由于建筑呈圆形设计，使用广角镜头拍摄能够借助弧形的线条获得更好的透视效果

　✍ 将建筑纳入画面的中心位置，可强调主体的重要性，使其形成对称式构图，突出建筑的气势

提示

　　在使用正面拍摄突出建筑正面的特征时，可通过中心构图法将主体纳入画面的中心位置，这样能够使其更具凝聚力，使其正面的特征更加引人注意。

13.2.5　侧面拍摄突出立体感

　　由于建筑注重线条和面的设计，无论是造型独特的建筑，还是十分精美的建筑，都注重其雄伟壮丽的心灵感受。在拍摄建筑时，要想将建筑内在的雄伟壮丽凸显出来，可结合侧面拍摄时所获取的立体感来进行表现。从建筑的侧面取景能够将建筑的多个面同时纳入画面，结合美丽的光影效果能够更完美地呈现具有立体感的建筑。

　　从建筑的侧面拍摄时，可结合侧光下的建筑所形成的明暗阴影，更加强有力地突出建筑的立体效果

　　左图中拍摄者从建筑的侧面取景并进行仰拍，在突出建筑高大挺拔特征的同时，还能通过纳入建筑的多个面，以及结合侧光下所产生的明暗阴影，共同将建筑的立体感强有力地表现出来。

印度建筑
【光圈优先模式
　光圈：F7.0
　快门：1/500s
　ISO：200
　焦距：12mm】

13.3　拍摄建筑的局部

使用大场景拍摄整个建筑可以用来表达建筑宏伟的一面，但是对建筑的局部进行特写时，则可以传递更为丰富的情愫。通常对建筑局部的取景能够体现创意，细腻的描绘与刻画更容易抓住欣赏者的好奇心，巧妙的构图和对光线的运用可以让建筑的局部表现得更生动。

13.3.1　以蓝天为背景特写局部

广阔的蓝天显得十分干净和纯净，在对建筑物的局部进行特写拍摄时，可以选取蓝天作为画面背景，这样不仅能加强主体表现力，还能在蓝天的衬托下使建筑物显得更为庄严和神圣，以及更有魄力。

✍ 在保证白雪曝光正常时，暗部细节容易丢失，通过强烈的明暗对比可以为主体带来强烈的视觉冲击力

✍ 侧光赋予画面美丽的光影效果

左图以蓝天作为画面背景，将白雪覆盖的建筑顶部纳入画面。纯净的蓝天给人一种庄严神圣感，通过对建筑局部的描绘，再结合白雪会更有效地展现建筑独特的意境美。

白雪建筑	【光圈优先模式
光圈：F8.0	快门：1/200s
ISO：100	焦距：16mm】

13.3.2 拍摄奇特的图案或纹理

可以说建筑是集各种艺术成分为一体的产物，它不仅通过线条的安排让建筑造型特点更为突出，同时也会借助各种图案或纹理的设计让建筑更具独特性。在拍摄这种画面时，可结合光线的变化使其更显独特。

左图中的门框通过丰富的线条组合形成各种有趣的图案，拍摄者通过巧妙的构图恰好将整个门框纳入画面。这里选取蓝天作为画面背景，使其以主体的形态干净有力地呈现在画面当中。

提示. 奇特的图案或纹理需要拍摄者利用善于发现美的眼睛去探索，使用长焦镜头进行拍摄更容易将远处的局部细节捕捉下来。

独特的门框　　【手动模式　　光圈：F8.0
快门：1/125s　　ISO：100　　焦距：32mm】

提示. 由于镶在建筑外墙上的图画由金色调的物质描绘而成，在日光的照射下会变得格外耀眼。此时降低曝光补偿值可将其他景物的光亮完全压暗，突出主体光亮色彩。

右图为使用长焦镜头拍摄建筑外观墙上的壁画。在日光的照射下，涂着金色调的壁画显得格外耀眼，通过降低曝光补偿值能够将墙壁压暗，强调壁画的神奇之美。

闪耀的图案　　【光圈优先模式　　光圈：F5.6
快门：1/3200s　　ISO：250　　焦距：250mm】

13.4　拍摄建筑的内部

在了解建筑及其外部的拍摄技巧之后，还可以尝试如何获得满意的建筑内部画面。漂亮的室内装潢和空间效果都是不错的拍摄题材，由于室内环境比较特殊，有可能遇到光线较弱或空间狭小等情况，因此在展现建筑内部空间时也要熟知各种拍摄技法。

13.4.1　寻找具有透视效果的线条

通常在建筑内部的走廊中可找到具有透视效果的线条。这种线条具有线性汇聚功能，使得画面景物看上去近景较大，而远处的景物较小，通过二者对比增强画面的远近距离。在拍摄时可将画面深处的汇聚点置于画面的中心位置，能使具有透视效果的画面获得均衡感。

上图以平角度表现建筑内部的走廊，通过整齐排列的柱子引导观者视线进入画面深处。借助柱子产生的线性透视，走廊在画面中形成近大远小的视觉感受，增强了画面的透视感。

庄严的走廊
【程序模式
光圈：F5.6
快门：1/80s
ISO：400
焦距：18mm】

拍摄具有线性汇聚感的走廊

13.4.2　应用强烈的明暗对比

　　在建筑内部进行拍摄时，可以寻找具有强烈明暗对比的画面。通过这种对比能够为画面带来更强的视觉冲击力，给人留下深刻的印象。在拍摄过程中，要注意对画面进行准确的曝光，同时要控制明暗的程度，使景物以最完美的景象呈现。

　　下图从建筑的内部进行取景，由于室内较暗，为了获得清晰的画面，选取感光值 ISO 为 400 的仰角度方式进行拍摄。由于窗外的光亮强度较大，因此很好地将窗户轮廓衬托出来了。此时通过降低曝光补偿值能够压暗室内光亮，从而突出窗户光，获取强烈的明暗对比。

独特韵味　　【光圈优先模式　　光圈：F4.5　　快门：1/60s　　ISO：400　　焦距：18mm】

✍　强烈的明暗对比能够刺激观者眼球，给人留下深刻印象

✍　通过降低曝光补偿值，使得窗户造型特点显得更为突出

提示　　在阴暗环境下拍摄时，如果没有三脚架，可以通过提高相机的感光度和使用大光圈来控制快门速度，从而获取清晰的手持拍摄画面。

第14章

人像摄影

夏日里的阳光如同儿童笑容一般灿烂，火红的裙衣也忍不住"翩翩起舞"，心中荡漾起快乐的气泡，仿若空气也被快乐所感染……

选取浅色系的石头墙壁可突出自然的感觉，衬托出人物的色彩与可爱。歪斜相机的拍摄方式使人物呈斜线构图，这样一来，人物会给观者一种活泼俏皮的感觉。..

火红少女【光圈优先模式　光圈：F5.6　快门：1/500s
ISO：100　焦距：50mm】

14.1 人像拍摄前的准备

人像摄影是比较常见的摄影题材，不仅可以用来记录人和事的关系，也可以用来展现人物的风采。接下来我们将学习人像摄影中需要用到的摄影器材。人像摄影器材中最常用的就是闪光灯，除了机顶闪光灯之外，还常常使用外置闪光灯、引闪器套件等。在镜头方面，为了获得高画质的人像画面，也可选取 50mm 或 85mm 的定焦镜头来拍摄人像。

14.1.1 使用定焦镜头画质会更好

在拍摄人像画面的时候，除了使用定焦镜头之外，很多拍摄者也喜欢使用长焦镜头拍摄，但是定焦镜头拍摄出的画质通常更好。主要体现在焦外成像上，所谓焦外成像就是焦点前后虚化的影像，在条件允许的情况下，如果使用 F1.4 这样的大光圈拍摄，还可在一定程度上显示出柔焦的效果，画面主体更加明确与突出。

尼康 50mm F1.8 的定焦镜头

适马 85mm F1.4 的定焦镜头

上图为使用 50mm 的定焦镜头拍摄的人像，尽管被摄对象与身后背景之间的距离十分接近，但还是呈现出了虚化的效果，这是长焦镜头无法表现的。

上图为使用 85mm 的定焦镜头拍摄的人像，选择半身效果进行表现。将光圈设置为 F2.8，景深变浅，以体现人物主体。背景虚化层次越强，背景则越显柔和。

少女 【手动模式 光圈: F1.8
快门: 1/100s ISO: 400 焦距: 50mm】

古典少女 【手动模式 光圈: F2.8
快门: 1/320s ISO: 100 焦距: 85mm】

14.1.2　使用闪光灯及时补充环境光线

　　如果不能正确地使用相机的内置机顶闪光灯，在拍摄人物时，画面就会出现很明显的阴影。只有意识到阴影的问题，才能更好地消除阴影。接下来将分别介绍如何使用内置闪光灯和外置闪光灯使阴影变得更轻微和柔和。

　　上图中女孩坐在窗户边，明亮的户外光仅能将女孩的左侧微微照亮，室内光线明显不足，导致女孩脸部形成大面积的阴影，而无法辨认细节。如果想要使女孩的整个面部细节清晰展现，可依靠外界补光。

窗边的女孩　　【手动模式　　光圈：F1.8
快门：1/80s　ISO：200　焦距：85mm】

　　上图在同样的环境条件下进行拍摄，且使用了机顶闪光灯设置。此时女孩的脸部显得十分明亮了，没有过多浓重的阴影。使用闪光灯拍摄的人像皮肤会具有光泽，看上去更显顺滑。

可爱的少女　　【手动模式　　光圈：F1.8
快门：1/320s　ISO：200　焦距：85mm】

> **提示**
>
> 　　由于内置闪光灯位置距离镜头很近，因此直接闪光时阴影就会显得比较浓重。用内置闪光灯拍摄时，距离被摄者越近，阴影就越重；距离被拍摄者越远，阴影就越轻微。此外，应根据当时的拍摄环境，通过调整相机的闪光灯进行补偿，从而避免曝光不足或过曝的现象。

除了相机自带的内置机顶闪光灯外，很多拍摄者还会另外购买一个外置闪光灯。外置闪光灯最大的优点就是可以调整灯头的角度，让闪光灯对着墙壁或天花板等对象，利用其反射的光源为拍摄对象补光，通过这种方式获得的是散射光，闪光均匀柔和，可以生动地表现质感和空间感。

✍ 很多相机都推出了不同型号的外置闪光灯，该款为适马的 EF-500 闪光灯

✍ 外置闪光灯一般都可以安装在相机的热靴上。首先将热靴盖取下来，然后将外置闪光灯插入到热靴中

✍ 外置闪光灯也可以通过热靴转换器使其不再固定在相机上，而可以更为灵活地手持运用

说到外置闪光灯，就不得不提到引闪器和触发器底座。为了拍摄不同光源方向的画面，可以将外置闪光灯安装在触发器底座上，自己设计闪光灯的位置，然后通过引闪器来实现同步拍摄。

✍ 将闪光灯插入到触发器底座上，引闪器插入到相机的热靴中，使引闪器和触发器底座的频率一致，开启底座开关，就可以实现同步闪光了

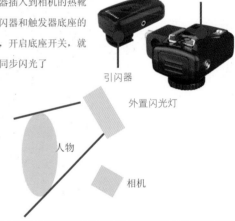

触发器

引闪器

外置闪光灯

人物

相机

　　左图中的天气为阴天，光线亮度不足。使用外置闪光灯从女孩的右侧补光，可提亮脸部细节，表现脸部轮廓。

享受自然 【手动模式 光圈：F2.0
快门：1/400s ISO：200 焦距：50mm】

拍摄儿童

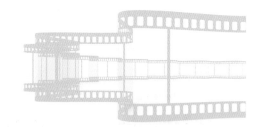

可爱的儿童是人们喜爱的摄影题材之一。儿童能够给人带来快乐有趣的感受，在拍摄时要注意将儿童生动有趣的神态、天真可爱的表情准确捕捉到位。由于拍摄者难以像拍摄成年人一样安排孩子们的表情、动作，他们也不愿意长时间配合拍摄者，因此充分利用孩子活泼的特点，了解儿童摄影的技巧，会使拍摄儿童变得更加容易。

14.2.1 户外光线下拍摄活泼的孩子

相对而言户外拍摄更容易捕捉到孩子活泼的天性，选择一个好天气带上小孩出门游玩，在嬉戏玩闹中更容易抓拍到孩子生动的表情。通过户外充足的光线，拍摄者可提高快门速度并降低感光度，在获取孩子精彩瞬间的同时确保较高的画质。

左图孩子行走在绿荫大道上，快乐的心情洋溢在可爱的小脸上。借助户外柔和的光线，更容易展现人物细腻的皮肤，使人物看上去尽量生活化。拍摄者以1/640的快门速度拍摄行走的孩子，将孩子的动作清晰地凝固于画面之中，表现孩子无忧无虑的特点。

快乐的小孩 【手动模式 光圈：F3.5
快门：1/640s ISO：200
焦距： 185mm】

提示 无论孩子们是什么表情，看上去都是那么可爱，因此无需过多安排孩子刻意摆设姿势。使用长焦镜头可以起到很好地虚化背景的效果，为了保证画面质量，拍摄者事先使用三脚架蹲守在孩子前方，等待孩子刚进入画面时按下快门，而为孩子前方预留少量空间能够表明孩子行走方向，并避免画面拥堵。

14.2.2　长焦镜头捕捉儿童有趣的表情

既然让儿童摆出好看的姿势或可爱的表情难度较大，还不如静静守在一旁观看孩子玩耍。孩子们经常会沉浸在自己快乐的思绪中，他们的表情丰富又可爱，这时可以通过长焦镜头对可爱的孩子进行"偷拍"，这样既不会打扰孩子玩耍的兴致，还可以将这美好的一刻记录下来。使用长焦距拍摄不仅可以抓拍到儿童自然生动的表情，还可以进一步虚化周围环境，使人物在画面中非常突出。拍摄时要注意设置较高的快门速度，必要时可借助三脚架，因为在镜头的长焦端画面的景深很浅，很容易出现对焦点偏移的现象。

✍　从儿童眼睛的高度进行拍摄，这样画面看起来更亲切和自然。对焦时也应对准人物的眼睛，这样人物的眼睛才会显得炯炯有神

左图所示为使用 200mm 的长焦镜头捕捉到的孩子可爱表情。将焦点置于孩子的眼睛上，使用三脚架稳固相机后，获取的人物表情十分清晰。

可爱的小孩
【手动模式　光圈：F3.5
快门：1/500s　ISO：100
焦距：　200mm】

14.2.3　抓拍嬉戏顽皮的孩子

在拍摄儿童的题材中，之前一直在强调拍摄儿童应该多用抓拍，小孩子天性好动，越是动态的姿势就越能表现他们活泼的一面。使用高速快门是捕捉孩子精彩动作和表情的好办法，但是某个局部动作的虚化有时候更能将动态效果更真实地表现出来。

✍ 将焦点置于女孩的脸上，使其脸部尽量保证不虚焦，而腿部的虚焦，正好可以表现女孩嬉戏时的运动状态

左图使用了1/640s的快门速度抓拍正在嬉戏中的两个女孩。通过调整对焦点，使得焦点落在左侧女孩的脸上，尽量保证其表情的清晰。腿部在快速运动下则被虚化了，恰好能突出女孩动作瞬间的运动范围，从而将她俩嬉戏的景象凸显出来。

嬉戏的女孩　【手动模式　　光圈：F5.6　　快门：1/640s　　ISO：100　　焦距：40mm】

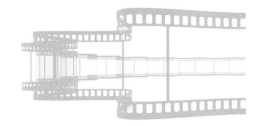

14.3 拍摄少女

拍摄女性是人像摄影的重要组成部分，在作品中既能够展现这些女性最真实、美丽的一面，又能够演绎不同的角色。她们有的纯洁可爱，有的成熟高贵，拍摄者要抓住女性的特点，通过一定的拍摄技巧，将她们完美呈现。

14.3.1 调动模特的情绪使拍摄更轻松

拍摄人像就像拍电影，当画面中的人物情绪不够真实时，很难拍出足以打动人心的画面，甚至会给人虚假的感觉，令人反感。拍摄者平时面对的拍摄对象多是普通人，她们通常不能像专业模特那样准确地做出拍摄需要的表情，这就需要拍摄者与拍摄对象进行沟通，引导拍摄对象做出合适的动作或表情。

✍ 在长焦镜头下位于前景的油菜花虚化为亮丽的黄色色块，衬托少女羞涩的笑容

左图所示为在拍摄者的指导下，女孩微微低头，待女孩露出羞涩的笑容时，拍摄者以轻微的俯角度表现女孩自然流露的清纯笑容。

羞涩少女 【光圈优先模式
光圈：F3.5　快门：1/200s　ISO：100
焦距：　135mm】

14.3.2　借助室内环境表现少女的柔美

　　室内环境与户外相比更加舒适，模特也不会受到陌生人的打扰，因此表现会更自然。在室内拍摄时，拍摄者可利用室内的道具安排一些展现女性居家状态或展示身材的姿势，充分表现女性柔美的特征。在室内拍摄时要注意，室内光线较暗，必要的时候可以使用闪光灯、大光圈镜头或高感光度降噪的相机，以适应暗环境。

　　下图选择室内作为拍摄地点，为求表现女孩的柔美。女孩趴在柔软的白色大床上，乌黑的长发落在床上，拍摄者使用长焦镜头将焦点置于女孩脸部，手部和腿部均得到虚化，重点展现女孩柔美的神态。由于借助了窗户光辅助拍摄，整个室内的光亮均被提亮，给人一种轻松愉快的氛围，更好地衬托出女孩的可爱甜美。

甜美少女　　【手动模式　　光圈：F2.8　　快门：1/50s　　ISO：100　　焦距：52mm】

　　将窗帘拉开，可借助明亮的窗户光拍摄，不仅可以将整个拍摄环境提亮，还可以在人物身上产生一层明亮的轮廓光，使人物更加楚楚动人

提示

　　在表现女孩柔美的一面时，所选择的拍摄环境应该看起来比较可爱，恰当的服饰也十分重要。

14.3.3 　借助背景光表现人物轮廓

　　创造性地用光可以获取更精彩的画面。将光源置于人物后方照射时，将使得人物身上形成一层淡淡的轮廓光，突出人物的身体线条和面部轮廓。此时再配合简单的背景衬托，人物的轮廓线条会更加鲜明。当人物以剪影形式呈现时，给人以含蓄的感觉，擅长营造意境，能激起观者的好奇心去猜想人物情绪等。

　　上图女孩正在玩耍毛绒玩具，借助窗外光线充当画面中的逆光，将女孩的轮廓线条勾勒出来，强调女孩的拍摄姿态。同时女孩面部具有少量阴影，若隐若现的五官能够给人带来另一种美。

可爱的女孩　　【手动模式　　光圈：F4.0
快门：1/60s　　ISO：800　　焦距：32mm】

男性轮廓　　　【光圈优先模式　　光圈：F6.3
快门：1/100s　　ISO：200　　焦距：50mm】

　　上图借助日落时天空的光亮与地面光亮形成的较大反差，拍摄处于逆光下的人物。此时人物完全以剪影形式呈现，与背景光亮形成对比，从而更为出色地将人物轮廓刻画出来。

提示

　　在借助背景光表现人物的时候，如果想获取人物清晰的面部特征，可选用点测光模式对人物面部测光；如果想获取剪影形态的画面，则可以通过点测光模式对背景光测光，并降低曝光补偿值。

14.3.4　使用反光板减淡面部阴影

　　拍摄人像时，常使用反光板对人物进行补光，这样可提高人物的亮度并且使人物受光更均匀。使用反光板补光时最常用的位置有两处：一是从相机前方补光，即采用顺光光位补光，这样人物面部受光会比较均匀；二是从人物的正面补光，这样人物脸部的立体感会比较强。当使用反光板补光时，人物眼中会出现反光板的影子，这样可使人物的眼睛更有神。需注意的是，不要让反光板的影子超过人物瞳仁的 1/2，否则人物的眼睛看起来会比较怪。

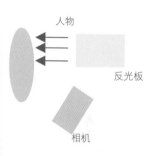

人物

反光板

相机

　　从人物的正面进行补光，使得人物脸部的立体感更强，反光板在人物眼中产生白色亮点，使人物看起来更有神

　　在左图拍摄过程中将反光板放在人物正面进行补光，拍摄者从人物侧面进行拍摄，此时人物面部高光部分显得更为突出，从而可增强人物的脸部轮廓的立体感；反光板在女孩眼中形成的白色亮点，使女孩双眼看起来更动人。

动人女子
【手动模式　　光圈：F5.6
快门：1/60s　　ISO：400
焦距：40mm】

14.3.5 利用道具增强人物的表现力

　　拍摄人像时应根据拍摄主题准备一些道具，有时道具只是人物手中的玩物，只为人物保持一个放松的状态或美化画面而存在；有时道具则有丰富的象征意义，它可以使画面表达的含义更加准确、深刻。许多女性都具备很好的表现能力，通过拍摄者的引导和道具的使用可以激发她们的表演欲望，使她们演绎出的人物举止、神态都紧贴主题。

　　借助大面积的前景可以增强画面远近距离感，从而加强画面表现力，将人物特点衬托出来

　　左图中的女孩穿着蓝色的旗袍，颇有弄堂女子的柔美感。借助一把蓝色的、具有古典韵味的伞，可更好地烘托主题。该伞恰好与女子的服饰搭配，女子通过调整握伞的姿势，表达出优雅、柔美的特征，突出小家碧玉的清纯美丽。

甜美少女　【手动模式　光圈：F4.8　快门：1/50s　ISO：200　焦距：35mm】

 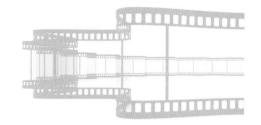

14.4　拍摄合影

　　拍摄合影听起来很简单，看似不需要为人物穿什么衣服、摆什么姿势而绞尽脑汁，其实其对拍摄者的技术要求非常高，特别是拍摄人数较多的合影。拍摄合影最重要的一点在于确保画面中的每个人都能够被清晰、真实地再现。

14.4.1　拍摄浪漫的婚纱照

　　婚纱照是新人甜蜜爱情的见证，新人的婚纱照非常注重画面的唯美，一般而言，甜蜜、浪漫、温馨是婚纱照主要的表现主题。此外，将良好的构图、用光、造型结合在一起，更容易获得梦幻浪漫的婚纱照。

✍ 借助大自然背景为画面增添一份唯美、清新的感觉

　　左图中女孩穿着纯白的婚纱，二人借助道具，在拍摄者的指导下摆设出甜蜜浪漫的拍摄姿势。拍摄者以竖画幅构图，选择清新的自然环境衬托出画面的唯美效果。

浪漫婚纱照　　【手动模式
光圈：F2.2　快门：1/1250s
ISO：200　焦距：50mm】

14.4.2　拍摄甜蜜的情侣合影

情侣在一起拍摄的画面会更具有感染力，两人之间的默契会使情侣的表现更加自然和开心，拍摄者可以鼓励情侣自己设想拍摄姿势，以两人之间最自然、最舒适的造型表现情侣间的唯美和甜蜜。

下图中选择了具有浓厚乡土气息的斑驳墙壁作为背景，衬托穿着情侣装的一对情侣。二人通过有趣的造型姿势，表现出情侣间的默契。拍摄者以仰角度取景，增强画面感染力，同时借助闪光灯拍摄，不仅可将人物照亮，还可以在墙上形成有趣的阴影，使画面更为生动。

情侣合影　　【手动模式　　光圈: F5.6　　快门: 1/500s　　ISO: 100　　焦距: 35mm】

✍　借助闪光灯拍摄，不仅可以在暗环境下将人物提亮，同时在墙壁上产生的阴影，让画面更加生动有趣

提示　通过调整外置闪光灯的照射方向，可以控制主体阴影的产生。一般从侧面照射最易形成倒影，从人物正面照射阴影最少。此外，外置闪光灯的指数也可调节，指数越高，光线则越显生硬。

14.4.3 不同的动作姿势让集体照更有趣

　　拍摄集体照可以纳入更多的人物，让画面更加有趣，但是统一的姿势有时候会让集体照看上去缺乏新意，显得十分死板。因此在拍摄非正式的集体照时，可以为成员设计不同的动作姿势，让画面看起来更轻松自然，增添更多的乐趣。

　　下图中的小孩生活在少数民族地区，他们帅气的打扮十分招人喜爱。小孩们的拍摄姿势非常轻松随意，表情特征丰富，展现了他们可爱的模样。选取当地建筑作为拍摄环境，能够强调出独特的民族气息。为了保证每个人物都清晰出现在画面中，拍摄者并没有选取过大的光圈，因此背景画面仅仅以虚焦形式呈现。

少数民族儿童合影　【手动模式　　光圈: F5.6　　快门: 1/500s　　ISO: 100　　焦距: 35mm】

✍ 树叶在孩子们的脸上产生斑驳的影子，借助这种影子，可以突出画面的自然感，尽量让集体照更生活化

提示　在拍摄集体照时，通常可选取平均测光模式拍摄，即使小孩脸上明暗对比强烈，也能保证整个面部的清晰度，即亮区不会过曝，而暗区也不会出现曝光不足的情况。

14.4.4　拍摄家庭合影

　　家庭合影是一个非常有趣的拍摄题材。通常在拍摄此类合影时，要注意将家庭成员间其乐融融的温馨主题表现出来。拍摄者可以通过调动被摄对象们的情绪，选择合适的拍摄角度，将有趣的画面捕捉下来。

　　下图中快乐的一家人穿着可爱的家庭套衫坐在草地上。阴天的光线十分柔和，但是也容易出现曝光不足的情况。拍摄者使用点测光模式对人物的脸部进行测光，从而保证他们脸部的正常曝光。为了获取更有趣的家庭合影，拍摄者使用高速快门捕捉住一个瞬间画面，将家庭里的快乐氛围完美地展现出来。

家庭合影　【手动模式　光圈：F7.1　快门：1/640s　ISO：100　焦距：180mm】

✍ 平角度拍摄能够使画面看起来更亲切、自然，将家庭带来的快乐和温馨更好地传递出来

提示： 拍摄家庭合影的时候无需绞尽脑汁去想如何摆设姿势，其实家庭成员间会有许多的默契，因此拍摄者只需事先进行良好的构图，然后耐心等待一些精彩的场景出现即可，此时设置较高的快门速度就显得尤为重要了。

14.5　拍摄纪实类人物场景

　　生活纪实的一个重要内容是记录人物的生活，拍摄者可选择长焦距从远处拍摄以免打扰拍摄对象，使人物不自然。拍摄者可从人物的衣、食、住、行等方面的表现，选择具有代表性的点滴进行刻画。最好在拍摄前和拍摄对象进行沟通，了解人物生活并讲明自己的用意，以免带来不必要的误会。

14.5.1　抓拍众生百态

　　如果拍摄者留心观察会发现，生活中处处都是精彩的画面。此时采用最朴实的手法将其记录下来也许就会成为一张动人的纪实照。拍摄纪实人像可准备光圈较大的镜头以适应光线较差的拍摄环境。虽然拍摄者难以按自己的意图安排人物的姿势、神态等，但可通过富有表现力的构图方式，通过仔细观察和耐心等待得到最富有感染力的画面。

  ✍　借助绿叶作为画面前景，突出画面的远近层次感

　　左图表现了市井人们的生活状态，这是一个充满生机的环境。拍摄者采用俯拍角度取景，让画面看起来更具感染力，同时以绿叶作为画面的前景，将画面中的距离感烘托出来。

| 众生百态　　【手动模式　　光圈：F8.0 |
| 快门：1/100s　　ISO：200　　焦距：41mm】 |

14.5.2　寻找生活中的独特元素

生活中不仅有丰富、动人的场景，还有许多特殊的画面，比如一些有趣的场景、特殊的色彩搭配、特殊的形状等都是生活中的独特元素。拍摄时要抓住拍摄对象的看点，通过构图、用光等要素强调这些独特元素，这样观者才会从画面中了解拍摄者要表达的含义。

✍ 借助顶光的照射，突出画面中亮丽的色彩以及独特的形状造型

左图中，拍摄者从一个较高的地方进行俯拍，渔民带着自己的捕鱼工具走在海滩上，他们的不同装扮在顶光的照射下显得十分耀眼，成为这个海滩上的一道亮丽风景。

捕鱼的人们　　【手动模式　　光圈：F5.6　快门：1/500s　ISO：100　　焦距：400mm】

第15章

静物摄影

摊边被商家精心摆好的水果，在阳光照射下闪闪发光，散发着诱人的味道。

静物其实就是我们身边的一些小物品或是一些器具，也包括每天吃到的食物，网上看到的商品等，利用这些精致的物品，再结合光线、色彩、质感等方面的点缀会更容易创作出优秀的画面。

鲜嫩水果 【光圈优先模式 光圈: F5.6 快门: 1/320s ISO: 100 焦距: 50mm】

15.1　拍摄静物常用的器材

在拍摄静物时，若是普通材质的物品拍摄起来还不算太麻烦，但是如果被摄体带有反光特性，在拍摄时就会受到影响。此时可以使用偏振镜来减弱被摄体的反光。此外，拍摄静物还十分注重布光，对于静止的物体，可以使用柔光棚根据自己的拍摄意愿表现更完美的画面。

15.1.1　使用偏振镜减弱被摄体的高度反光

偏振镜的主要作用是过滤被摄体反射出来的杂乱光线，减弱物体上的高光部分，以更干净的效果展现景物。安装后需要通过取景器来观察被摄体，同时转动滤镜框，直到使反射光消失为止。一般情况下偏振镜安装在镜头上之后，还会减少 1~2 挡进光量的作用。

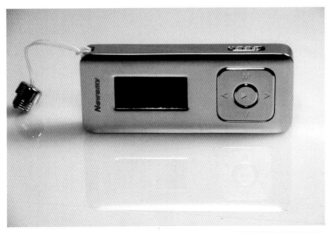

✂ 尼康 72mm 偏振镜

　　左图将物品搁置在光滑的桌面上，由于未使用偏振镜拍摄，光滑桌面上所出现的反光倒影也被纳入画面当中。

提示　在使用偏振镜拍摄的过程中，会减少 1~2 挡的曝光量，因此在使用时，可以通过调整曝光补偿值为画面适量地增加曝光量。

　　左图在拍摄过程中，为相机配置了偏振镜。通过旋转偏振镜，不仅可以消除光滑桌面的反光，还能消除金属面的反光，使得主体在画面中显得更为简洁、突出。

数码静物　【手动模式　　光圈：F8.0　　快门：1/8s　ISO：100　　焦距：　135mm】

15.1.2　使用柔光棚制造更完美的光线

在拍摄静物时，除了会经常使用之前介绍的偏振镜之外，还可以使用柔光棚。柔光棚在多数情况下用于商品的拍摄。它是采用高透光度无影白色面料制作的，透光度更好。在使用柔光棚拍摄静物的时候需要与其他灯源配合使用。

柔光棚能够提供柔和的反射光线，减弱物体阴影的硬度，同时能去除强烈的反光，给予物体良好的空间照明，从而产生充足的照射光线。一些比较好的柔光棚还附送带镜头孔的前挡片，可消除金属物品多余的反光。

✍ 将物体置入柔光棚内，而相关灯源置于柔光棚外，通过调整灯源位置和光亮强度，获取最为理想、完美的光线

下图将所需拍摄的商品置入柔光棚内，并通过精心的摆放设计突出商品的高贵效果。拍摄者从柔光棚的左侧进行照射，借助柔和的侧光突出商品的外观质感，同时又不会产生强烈的反光。

奢侈品　【手动模式　　光圈：F9.0　　快门：1/100s　　ISO：100　　焦距：120mm】

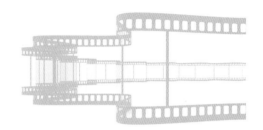

15.2 拍摄美食

提到美食就容易使人产生一种垂涎欲滴的感觉。在拍摄美食时，要将其这种魅力表现出来，拍摄出来的画面应当如同摆在观者面前一样，通过视觉带动味觉。那么如何将眼前的美食完美地展现出来呢？这时需要善于用光，将美食从"色"的角度进行体现。

15.2.1 特写动人的美食

通常在拍摄美食时，可以使用中长焦镜头将被摄体拉得更近，这样可以对其进行特写，展现更多的细节部分，勾起观者食欲。在拍摄过程中，要注意避免画面出现不够饱满、对焦不实的情况，这样才能提高画面的吸引力。

下图使用中长焦镜头将美食拉近展现，让美食显得更为紧凑，使其充满整个画面。这种特写的技法能够表现更多的画面细节，被放大的美食十分具有光泽感，丰富的色彩看起来让人不禁垂涎三尺。

美味佳肴　　【手动模式　　光圈：F5.0　　快门：1/100s　　ISO：100　　焦距：70mm】

提示：　　如果过于靠近被摄体则在拍摄时无法实现对焦，为了达到特写的效果，也可以为镜头前安装一个近摄镜，使得镜头变成一个廉价的微距镜头。

15.2.2　巧用构图拍摄西式餐点

　　西式餐点和中式的美食略有不同，其往往更能给人一种精致的感觉。因此在拍摄时，要抓住西式餐点精巧的特点，通过选取不同的拍摄角度，尽量运用不同的构图方式来表现，也可以为餐点寻找一些有情调的陪体，烘托画面氛围。

左图采用特写的手法表现涂满黄油的面包片，将其蜂窝状的蓬松感凸显出来。同时在画面中纳入了少量独特的面包纸垫，在色彩上与面包形成对比，从而更加衬托出餐点的精致。

面包片　【程序模式　光圈：F2.8　快门：1/50s　ISO：100　焦距：12mm】

右图将披萨作为画面前景，同时纳入两个色彩各异的蘸酱，使得画面内容显得更为丰富。从而通过形状、大小的对比，表现西式餐点的独到之处。拍摄时使用点测光模式保证披萨曝光正常，明暗对比更为突出。

丰盛的披萨　【程序模式　光圈：F2.8　快门：1/60s　ISO：100　焦距：12mm】

15.2.3　借助光线拍摄半透明饮品

在室内拍摄饮品时，可根据环境光的冷暖效果表现半透明的饮品，而光线照射在透明玻璃杯上所形成的高光也能让画面显得更为动人。在拍摄这种画面时要注意控制曝光，选择合适的曝光参数。在暗光环境下拍摄时，还要注意保证画面的清晰度。

> 右图中选择了酒吧环境表现半透明饮品梦幻的色彩感。酒吧灯光虽然比较杂乱，利用这种混合灯光拍摄饮品却是恰到好处。在表现色彩淡雅的饮品时，会使其变得具有透明感，玻璃杯周围形成明亮的轮廓光又不易产生严重的反光，玻璃杯上的水汽也清晰可见。

梦幻饮品　【手动模式　光圈：F4.0　快门：1/4s　ISO：800　焦距：105mm】

✍ 以淡黄色的柠檬饮品作为主体，在其右侧露出红色饮品局部，不仅可以打破单一主体的单调性，还能通过色彩对比强调主体效果

✍ 蓝色吸管在灯光作用下，部分液体停留在吸管内部的细节也被表现出来

提示　由于酒吧的光亮在玻璃品或金属表面容易形成反光，使用大光圈拍摄可在背景画面中形成色彩不一的小光斑，使得画面更显梦幻。

15.2.4 拍摄颜色鲜艳的水果

　　水果拥有鲜艳的色彩，色彩在画面中可唤起人们某种强烈的感情共鸣，倘若结合晶莹的水珠还能表现出水果鲜嫩的感觉。如果想要将水果鲜艳浓郁的色彩表现出来，拍摄时可以通过适当地降低曝光量来获取，但是需避免画面出现曝光不足而丢失细节。

　　下图中将刚刚洗过的草莓放在玻璃碗中，草莓身上少量的高光衬托出它的鲜嫩。纳入碗的 1/4 面积进入画面，并在碗外放置两个草莓作为陪体，可结合构图加强色彩表现力。通过降低-0.7EV 的曝光补偿值，则使得草莓红色显得更为浓艳。

鲜嫩的草莓　　【手动模式　　光圈: F8.0　　快门: 1/2s　　ISO: 100　　焦距: 135mm】

- ✍ 纳入 1/4 的碗使其形成开放式构图，为画面留下更多美好的遐想
- ✍ 碗外部的草莓可起到陪体的作用，使画面显得更有趣
- ✍ 在水中浸洗过的草莓，更容易在光下形成高光部分，突出其新鲜质感

提示

　　适当地降低曝光补偿值不仅能够使色彩更浓郁，还能加强明暗间的对比。

15.3 拍摄室内饰品

室内可拍摄的饰品可谓十分丰富，可以展现自己喜爱的小饰品，也可以通过调整玩偶姿势拍摄有趣的画面。在拍摄饰品时需要用精致的光线来突出它的质感，一般可通过使用闪光灯或其他移动灯源进行拍摄，有时巧妙地利用自然光线也能达到不错的效果。

15.3.1 侧光赋予小饰品立体感

侧光是来自拍摄者左右两侧的光线，当被摄体受侧光照射时，面向相机的一面会被划分为受光照射和未受光照射两部分，通过这种明暗间的过渡与变化，可以将小饰品的立体感衬托出来。此外，画面的阴影较多时，还能使画面具有厚重、厚实的感受。

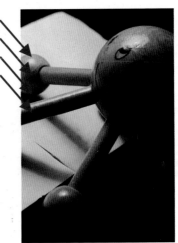

使用低色温的灯光从景物的左侧进行照射，使得景物左右两侧形成强烈的明暗对比，在暖调环境下表现景物的立体感

左图中使用左侧光照射景物，表现为光线强度越大，明暗对比则越强烈。借助暗部阴影对景物的描绘能突出景物立体感，增强画面厚重效果。

可爱的木质品 【手动模式
光圈：F8.0 快门：1/15s ISO：160
焦距： 60mm】

15.3.2 结合构图展现装饰品

　　同样是拍摄饰品，在准确选择正确的构图方式之后，画面会呈现更加具有吸引力的效果，从而吸引更多人的关注。例如中央构图法可强调主体，黄金分割法可使画面更具和谐美。此外，选择合适的拍摄角度也能带来不同的视觉效果。拍摄者应根据具体的拍摄对象，结合光线和色彩，将画面主题强有力地表现出来。

　　下图中将可爱的饰品摆放在窗台上，借助窗外蔚蓝的天空为背景，使用中央构图法表现它们可爱的姿态。由于室内光亮与窗外光亮反差较大，因此饰品处于逆光下时，十分容易形成具有剪影效果的画面，给人留下更多的遐想空间。

幸福的人儿　　【光圈优先模式　　光圈：F11.0　　快门：1/60s　　ISO：200　　焦距：35mm】

✍ 将主体置于画面的中心位置，使其形成中央构图法，能够更好地强调主体形态

✍ 以暗色剪影形式进行主题表达，可以更好地通过它们的轮廓姿态进行传递

提示　　当主体的光亮与背景光亮具有较大的反差时，要想获得具有剪影效果的画面，可以通过点测光模式对背景进行测光，也可以降低曝光值将主体完全暗化。

15.3.3 为玩偶设计有趣的姿势

在拍摄玩偶时，可以为玩偶设计许多有趣的姿势来表现它独特的一面。拍摄者可以通过平视、俯视和仰视等不同角度取景来呈现不同的画面效果，从多个层面多个角度表现出玩偶的特点。

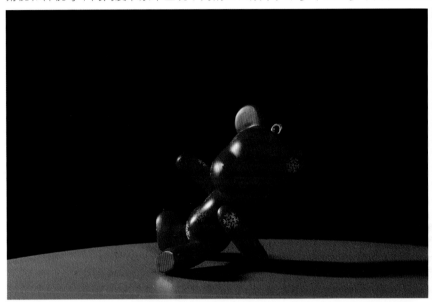

在左图中将小玩偶置于自制的静物台上，以暗背景衬托主体。依靠左侧光使玩偶的左侧具有少量的高光部分，展现玩偶光泽感。通过为玩偶设计有趣的动作，以平角度拍摄，使得玩偶看起来更加栩栩如生、俏皮可爱。

小熊玩偶 【光圈优先模式 光圈：F16.0 快门：1/60s ISO：100 焦距：35mm】

在右图中选择天台作为拍摄地点，将木偶置于护栏上，通过调整木偶的身躯使其呈俯卧撑状。同时选择大光圈将木偶身后的高楼虚化，借助自然光线在木偶身上产生的轮廓光表现它的立体感。

木偶 【光圈优先模式 光圈：F8.0 快门：1/25s ISO：100 焦距：105mm】

15.3.4　变换角度表现小物件

在拍摄小物件的时候，拍摄者常常苦恼于画面结构过于简单，无法表达更深层意义的主题。此时可以发挥自己的想象力，使用创造性的眼光探寻不同寻常的画面。比如，通过不停地摆放小物件，变换角度取景寻求小物件的奇特之处，说不定会有意想不到的画面出现。

下图中将 UV 镜放在书本的夹页间，使灯光从 UV 镜的后方进行照射。此时 UV 镜在书本上形成一个心形的投影，拍摄者以投影作为主体进行特写，以俯拍角度表现长长的投影，结合书面给人一种单纯美好的心理感受。

心形投影　　【**手动模式**　光圈: F2.8　快门: 1/1600s　ISO: 100　焦距: 50mm】

✍ 从 UV 镜的后方进行照射，使其在书本上形成一个心形的投影

✍ 使用长焦镜头拉近拍摄，可以更好地表现心形的形状

提示:　光滑的书面具有强烈的反光效果，因此在使用灯光照射时，可选择较柔弱的光线，并以远距离照射，这样可以减少书面上的反光部分。

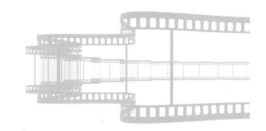

15.4 拍摄商品

商品包括背包、化妆品、衣服等一系列物品，若直接将其平摊在一个平面上则难以展示自身特色，往往需要寻找最适宜的角度来展现其最重要的品质特征。拍摄商品的方式很多，简洁的画面更容易突出主体，但也可以借助一些简单的道具来拍摄更有创意的画面。

15.4.1　展现女士肩包

漂亮的背包特别容易吸引女士朋友，无论是在淘宝上进行商品展示，还是炫耀自己心爱的包包，都要从其最独特的地方进行拍摄。为了真实展现不同包的色彩，拍摄时还需注意校正白平衡。

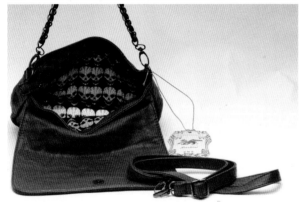

左图主要展示肩包独特的内部特点。拍摄者选取白色的背景使画面尽量简洁，以高调的背景突出主体色彩和形态。为了将肩包所展示的细节进行清晰表现，拍摄者选取F7.0的小光圈取景，可避免不在同一焦平面的景物虚化。

红色皮包　　【手动模式
光圈：F7.0　　　　快门：1/500s
ISO：200　　焦距：105mm】

右图从侧面表现肩包整体的形状和色彩。侧面拍摄可以将肩包的两个面纳入画面，从而以立体的角度表现它的大小、形状和厚度。拍摄者使用镜头的长焦端拉近取景，能够展现更多的景物细节，而白色背景能够对比出肩包的色彩。

漂亮的肩包　　【手动模式
光圈：F11.0　快门：1/500s　ISO：100
焦距：　105mm】

提示

当所拍摄的商品背景为白色时，要注意展现景物的真实色彩。拍摄者可以通过选择相机的自定义白平衡功能，根据当时的环境光线获取正常的景物色彩。

15.4.2 强调化妆品的高贵品质

有些商品注重的是品味,比如化妆品。肩包可以通过细节展现出它的款式特征、色彩差异等,对于化妆品而言,则无需强调款式形态。对于不同的商品要从不同的角度进行捕捉,因此在拍摄化妆品时,可以通过环境氛围的烘托,创作出具有高贵品质属性和商业效果的画面。

在左图中使用具有暖色调的黄色光线渲染拍摄环境,使其呈现出一个较暖的色调。同时,这里还以展示手表的壁画作为拍摄背景,从而提升整个画面对品质追求的特点。使用长焦镜头拍摄,将焦点置于化妆品的广告商标上,使其成为画面中最为清晰之处,最终突出整个商品的重点。

女士化妆品
【光圈优先模式
光圈:F4.0
快门:1/6s
ISO:100
焦距:105mm】

提示

TIPS:通常化妆品具有亮丽的玻璃制品和金属制品,拍摄时应将它们的质感很好地表现出来。此时可以使用较柔的光线进行照射,使其具有少量的高光部分,又不会出现大面积的反光。

15.4.3 特写家用电器

在展示电器的过程中，可以通过灵活选取角度进行拍摄。不仅要将电器结构形状凸显出来，同时还要突出它厚重的质感，借助大面积的暗部阴影可以达到这种效果。

在左图中使用顶光表现造型感十足的烤箱。选择广角镜头拍摄可以突出电器的线条感，给人一种造型优美的感受。结合暗部背景和烤箱内部的阴影，能够衬托出烤箱的厚重和结实。

烤箱　　【光圈优先模式
光圈：F5.6
快门：1/8s
ISO：400
焦距：24mm】

15.4.4 拍摄易反光的金属类商品

不少商品具有金属类的品质，在拍摄这类商品时，要注意将它的金属质感完美地呈现在观者眼前。通常可选择在柔和的光线下进行拍摄，这样不会因产生明亮的反光而丢失细节，同时还能将金属的光泽感诠释出来。

在左图中选取暗色背景表现金属类商品。柔和的光线不仅可通过少量反光突出金属的质感，同时借助少量的阴影可将首饰盒顶部雕刻图案的立体感凸显出来。

首饰盒
【手动模式　光圈：F4.0
快门：1/10s　ISO：200
焦距：67mm】

第16章

夜景摄影

夜幕降临，太阳把主角地位换给多彩的灯光，它们是城市的精灵，将夜色点亮。

色彩斑斓的灯光，组合成各种具有艺术美感的画面，将这美好的夜晚展现在大家眼前。在灯光的世界里，这个夜晚无眠。

灯光夜色 【手动模式 光圈：F32.0 快门：2s ISO：100 焦距：26mm】

16.1 夜景摄影的器材配置

拍摄场景不同，得到的画面效果也会截然不同。在光线环境充足的场景中拍摄，一般拍摄者足以应付，然而并不是只有在光线好的环境下才能拍出好的照片，通常在暗光环境下也可获取不一样的画面效果。暗光下要选择适当的器材，并根据环境光线的情况进行相机参数设置，使得画面效果达到最佳。

16.1.1 使用三脚架使相机更稳定

在拍摄夜景时，为了保证画面清晰，应该尽量使用三脚架来固定相机，手动设置快门时间，保证获取足够的进光量，这样才能得到满意的画面效果。

步骤一：选择合适的三脚架

选取三脚架时通常先从材质入手，其一般分为塑料、金属及碳素等材质。镁铝合金或碳素材质的脚架轻便而稳定，而不锈钢材质的脚架太重不便于携带，塑料材质的脚架虽然质量轻但容易变形，一般使用较少。

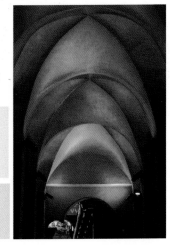

轻便的碳素材质脚架

通过云台可调控相机方向

步骤二：为三脚架安装多功能云台

云台附有多向调整关节，主要用来连接相机及脚架，并可随意调整相机的拍摄方向。常见的三向云台可通过水平旋转、上下俯仰及左右水平角度进行控制，此外还有球型云台和一些特殊的云台。

步骤三：为三脚架安装相机

最后将相机安装在云台上，根据不同的拍摄景物，通过调整云台的角度将相机位置进行固定，完成拍摄即可。

将相机安装于云台上

在右图中拍摄者将相机安装在三脚架上，通过调整云台，使相机以仰角度拍摄暗部景物，展现灯光下景物的独特效果。

金碧辉煌 【光圈优先模式
光圈：F6.3　快门：1s　ISO：200
焦距：32mm】

16.1.2　使用星光镜营造闪烁效果

美丽的夜晚需要借助灯光来照亮，这些起着"夜明珠"作用的灯光，可在星光滤镜的作用下变成十字星光。闪闪发亮的十字星光，仿若天上的星星般闪烁，使得灯源看起来更加闪亮，为夜景增添一份俏皮可爱的氛围。

使用星光镜拍摄时，画面中的灯源呈闪闪发亮的十字星光效果

口径为 67mm 的星光镜

上图在拍摄夜景的过程中使用了星光镜，使得夜色下的灯光呈十字星光型。灯源强度越大，这种效果就越是明显。从画面中可以看出，灯光明显变大和变亮了，这种星光如同灯光般具有闪烁的动感，即使灯源较小的蓝色光，看上去依旧显得那么闪亮，楚楚动人。

闪烁的夜灯
【手动模式　光圈：F22.0
快门：2s　ISO：100
焦距：　18mm】

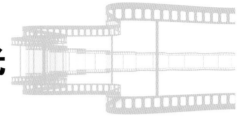

16.2 拍摄城市灯光

霓虹灯、街灯弥漫闪烁，为夜晚增添了色彩，也为人们提供了丰富的拍摄题材。美丽的城市灯光让夜晚下的城市变得更加繁华，夜晚的城市是灯的海洋，通过拍摄灯光照片能够展现城市夜景之美。

16.2.1 使用大场景拍摄城市霓虹灯

霓虹灯密布的画面可以充分展现城市的繁荣气息，特别是在夜晚的商业区，闪动着五颜六色的灯光。若仅仅拍摄霓虹灯会使画面显得单调，此时可以利用大场景来拍摄，将更多的元素注入画面当中，交待更多的画面信息，使画面丰富起来。

在下图中选择了喧闹的商业区作为拍摄地点，建筑被各种彩灯所点缀，紧密排列的商业广告牌将商业气息给衬托出来，隐隐约约能在夜色中看见正在逛商场的人群。通过对大场景进行拍摄，纳入不同的环境元素，展现出城市热闹的霓虹灯景象。

城市夜景 【光圈优先模式 光圈：F5.0 快门：1/30s ISO：800 焦距：29mm】

提示

在拍摄灯光色彩丰富的夜景画面时，要注意重新设置正确的白平衡，避免所拍摄的灯光看上去偏暖或偏冷，缺乏真实感。

16.2.2　结合水景表现夜色灯光效果

夜晚时分湖泊两岸色彩绚丽的灯光在时动时静的湖水上映衬出不同颜色的线条，不同色彩融为一体，场景美伦美幻、精彩绝伦。拍摄这类场景时，要注意预留出水面的空间。如果拍摄时湖面有微风吹过，拍摄者还可以通过对曝光时间的控制来记录湖面的质感和色彩变化。

在下图中将镜头对准水上群龙戏珠的灯光，在表现灯光创意美景时，借助水面的反光将其中的倒影纳入画面，让原本孤独的灯光主体有了陪衬。虽然画面具有对称性，但是一虚一实的对比关系使得原本规整的画面增加了几分变化。

群龙戏珠　　【光圈优先模式　　光圈：F5.0　　快门：1/125s　　ISO：1600　　焦距：45mm】

✎　通过倒影使得画面色彩更为艳丽和丰富，展现出画面的风貌

✎　微风带动水面阵阵波动，使得水景如同抽象的艺术画面，更具有意境

提示　根据快门速度的不同，获取水面的倒影效果也各不相同。快门速度越慢，水面的镜面效果越明显，甚至无法察觉波纹。在拍摄时要注意保证景物的正常曝光。

16.2.3 小光圈长时间曝光拍摄出星光效果

夜景的美丽，不仅需要摄影者去发现，更需要摄影者学会如何利用有限的条件来定格这美丽。如何把夜晚的灯光变成具有魅力的星光，让其成为画面的主角，这就需要摄影者利用小光圈来实现，表现为光圈越小则效果越明显。

在左图中使用小型灯光将大门点亮，冷色调的蓝光和暖色调的橙红色光对比鲜明，引人注意。密集的灯光在小光圈下呈星光型，使得画面中点、线、面的相互关系得到很好的诠释。

灯光点点
【手动模式　光圈：F8.0
快门：1/50s　ISO：400
焦距：21mm】

在右图中纳入大面积的水面作为前景，在 4s 的慢速快门下，水面形成各种色块。F8.0 的小光圈使得主体灯光出现星光十字闪烁的景象，而天边的色彩在慢速快门下隐隐可见。通过景物间色彩层次变化，将画面的远近层次感给体现出来了。

水上夜景　【手动模式　光圈：F8.0　快门：4s　ISO：100　焦距：12mm】

提示. 除了采用小光圈外，使用星光镜也可以得到较好的星光效果。两者各有优缺点：使用小光圈虽然简便，效果自然，但容易降低画面的质量；而星光镜虽然能够产生与众不同的星光效果，但却丧失了自然性。

16.3　拍摄烟花

　　烟花是喜庆的象征，在城市中能够观看烟花的机会较少，因此拍摄精彩焰火的机会也就较少。这就要求拍摄者对拍摄时机、对焦、白平衡模式等参数把握得更好，这样才能在不多的机会中拍到完美的焰火画面。

16.3.1　长焦特写绚丽的烟花

　　每逢喜庆节日时，空中燃放的精彩烟花均十分绚丽，此时可以使用长焦镜头将高空中的烟花拉近取景，使得烟花看上去显得更大朵，形状和色彩细节更为突出。

　　在下图中选取一个上风位表现绚丽烟花，这样可以避免烟花被恼人的烟雾遮挡，影像烟花绚丽的色彩。同时为了将烟花燃放时热闹、喜庆的氛围凸显出来，选择了 B 快门模式纳入了多朵绽放的烟花，而使用长焦镜头能将远处的烟花更紧凑地展现在画面中。

舞动的烟花　【手动模式　光圈: F22.0　快门: 1/2s　ISO: 200　焦距: 18mm】

提示:

　　如果相机支持多重曝光功能，可以利用 B 快门模式，在拍完第一朵烟花后，保持快门的开启状态，此时利用镜头盖将镜头盖住，当第二朵烟花出现时，迅速拿掉镜头盖，拍完后再盖上。这种拍摄方法能在同一画面中拍摄 2~3 朵烟花。

16.3.2 记录焰火的绽放过程

拍摄烟花时需要熟练掌握对光的控制，同时它又具有动态性，因此其可谓是拍摄对象中比较难拍的一类。拍摄者需要考虑曝光时间的长短以及周围的环境，同时需要结合烟花燃放的高度、绽放的大小、相机各项参数的设定等，在充分的条件下才能获取完美画面。

左图当烟花刚升入空中绽放时，再按下快门，可以避免烟花的中央位置出现刺眼的亮点，使得烟花看上去更舒适。在2s的快门速度下，可以将烟花燃放的整个过程记录下来，借助光丝表现烟花绽放的轨迹。这样所拍摄的烟花，看上去会更加明亮、更大朵。

精 彩 焰 火
【手动模式
光圈：F8.0
快门：2s
ISO：400
焦距：50mm】

提示：由于烟花燃放仅是个瞬间动作，在这么短的时间内进行拍摄则无法瞬间进行对焦，此时可以使用手动对焦模式，将焦点置于天空的无限远处，借助三脚架拍摄绚丽的烟花。

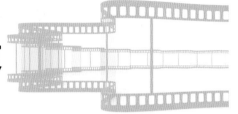

 拍摄夜间光束

除了拍摄城市中美丽的霓虹灯外，还可以利用灯光创作一些独特的画面，例如利用长时间曝光记录流动的光束，也可以晃动光源获得美丽的光绘。在夜间利用灯光效果创作画面时，可以尽情地发挥自己的想象力，使得画面更具创造力和影响力。

16.4.1 长时间曝光记录车流的动态景象

车流的唯美线条是夜景所独有的。拍摄这样的画面时需要采用慢速快门，由于快门速度降低，因此要结合三脚架进行拍摄。通常拍摄车流的最佳位置是过街天桥或者高楼建筑，在拍摄前要选择好最佳地理位置，这样才能获取最佳的画面效果。

✍ 使用减光镜拍摄，能够在保证主体曝光正常的情况下，延长曝光时间

提示

如果想要获得多个流动的光束画面，苦于来往的车辆又不够繁忙，可以通过延长曝光时间来获取。此时为了保证城市夜景不出现过曝，可以通过选择各种减光镜和降低曝光补偿值来完成拍摄。

在左图中选择 F22.0 的光圈能够增大景深，使得画面远近细节均清晰可见，将光束的方向性表现出来。同时结合减光镜的使用，在 30s 的快门速度下，尽可能纳入更多行走车辆的同时保证夜色效果。

流动的光束 【手动模式 光圈：F22.0 快门：30s ISO：100 焦距：16mm】

16.4.2　晃动光源获得美丽的光绘影像

除了马路上的车辆以外，其他散发光亮的移动物体都可以成为光线轨迹中的主体，包括游乐场中的旋转设备、发光的玩具，以及用慢速快门可以表现其精彩轨迹的烟花棒等。另外，还可以通过晃动相机来创造抽象的光绘画面。

在下图中拍摄者在一个全黑的屋子里，先将相机固定于三脚架上，选取 5s 的曝光时间，手持手电筒开始晃动。当晃动的速度较快时，光的轨迹显得更为透明，而晃动的速度较慢时，光的轨迹变得更为耀眼。通过这种晃动，可获得各种具有创意的光绘影像。

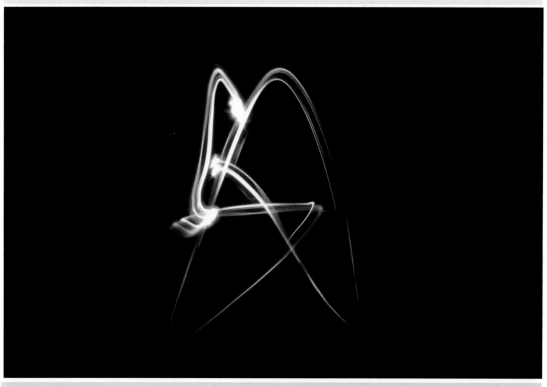

舞动的灯光　　【手动模式　　光圈：F25.0　　快门：5s　　ISO：100　　焦距：　24mm】

提示　　使用光绘可以制造出各种独特的影像，拍摄者可以发挥自己的想象力，绘出具有独特造型的图案。值得注意的是，倘若曝光时间过长，有可能会将手持光绘的人物拍摄下来，出现穿帮，因此也并不是可随意延长曝光时间的。

晃动光源过程中，可通过控制晃动的速度获取明亮程度不一样的光绘轨迹。此时，速度越快，光越显透明，速度越慢，光越明亮

第17章

植物摄影

花瓣在光的照射下，显得如此的晶莹剔透。透明的色彩清新可爱，仿佛花瓣一碰即碎……

大光圈将花朵的背景虚化为梦幻般的暗调色彩，整个花朵儿如同正在闪闪发光。光和影的结合让花朵不再被局限在画面当中，这种立体感使其更为生动形象，惹人怜爱。

晶莹的花朵　【光圈优先模式　光圈：F1.8 快门：1/6000s ISO：100　焦距：50mm】

17.1 拍摄植物常用的器材

　　绿叶、树木、花卉都是常见的植物拍摄题材。在拍摄植物时，可以依靠色彩来展现植物的层次和主题，同时借助阳光、色彩等其他对象来增强画面的活力。无论是精心设计的小花园还是自然野生的植物，都需要选择合适的器材进行不同主题的表现。如微距镜头能突出展现植物的细节特征，营造画面新鲜感；而恰当地使用环形闪光灯，则有助于通过光来展现层次更丰富的植物画面。

17.1.1　使用微距镜头拍摄

　　微距镜头主要在非常近的调焦距离中使用，以便能使景物的"小物件"在画面中看上去较大，满足人们对新鲜事物的好奇心。在拍摄植物时，特别是可爱的花朵，如果想要进一步展现花朵细节层次，可使用微距镜头来靠近拍摄。

　　在下图中使用微距镜头将花朵的花蕊纳入画面的中心位置。微距镜头拥有可变的放大倍率，使得整个花朵充满了画面，给人带来新鲜感。不仅花朵的花蕊细节格外清晰，连同花蕊上的小昆虫也清晰可见。借助光和影的细腻变化，使得花瓣看上去层次分明。

细腻的花蕊　　【光圈优先模式　光圈：F11.0　快门：1/50s　ISO：100　焦距：100mm】

下图选取油菜花作为拍摄主体，油菜花成束状，多个较小的花朵集聚在一起，使用微距镜头能够将这些花朵集聚的姿态更为清晰地展现在观者眼前。拍摄者以俯拍的角度进行拍摄，由于与花朵成垂直方向，大光圈将已开放的花朵虚化，突出顶端花骨朵的生长方向，恰好呈放射线构图，使得视野更为开阔。

含苞欲放 　【光圈优先模式　　光圈：F2.8　快门：1/200s　ISO：100　焦距：100mm】

✍ 使用微距镜头拍摄，能够将较小的景物更为清晰地凸显出来

✍ 俯角度拍摄油菜花顶端，获取的花骨朵由中心位置向四周生长，恰好形成放射线构图，使得画面视野更为宽阔

✍ 选择 F2.8 的大光圈能够将画面深处已经开放的花朵虚化，着重突出油菜花顶端的景象

提示　镜头的实际放大倍率取决于焦距和调焦距离，有些微距镜头可以拍出与实物真实大小相同的影像，放大倍率为 1：1，但有些微距镜头仅能提供 1：12，相当于影像只有被摄体实际大小的 1/12。在使用微距镜头靠近拍摄时注意避免挡住光线，如果是 100mm 的微距镜头则能在离被摄体足够远的地方进行拍摄了。

17.1.2 使用环形闪光灯拍摄植物

环形闪光灯属于外置闪光灯的一种，是直接安装在相机镜头上，发光管呈环形的一种照明灯。这种闪光灯的功率较小，但是照射在主体上时，光线均匀没有阴影，可结合微距镜头共同使用，避免在近距离拍摄时产生阴影，起到无影灯的作用。

环形闪光灯安装固定于镜头前方，因此需要使用相同口径大小的接环，在购买环形闪光灯时要注意搭配相同的口径尺寸接环

使用黄金分割法构图，使花朵看上去具有和谐美

下图为将环形闪光灯安置在镜头前方，使用微距镜头所拍摄的花朵。从中看上去不仅花蕊细节十分突出，描绘十分细致，同时使得各个花朵受光均匀，没有难看的影子干扰画面。

| 枝头小花 | 【光圈优先模式 | 光圈: F3.5 | 快门: 1/125s | ISO: 100 | 焦距: 200mm】 |

拍摄树叶

随着一年四季的不同，树叶的形态造型和色彩都各自不相同。每一种植物的叶子都有它们各自的特点，无论是清新的嫩芽新绿，还是婀娜的红叶，结合不同方向光的照射，再运用适当的构图，都能将树叶拍摄得美轮美奂。

17.2.1 逆光下呈现树叶的透明质感

由于花瓣和叶子的质地比较薄，在逆光环境下会形成透明的感觉，产生一种明亮感，使得画面更加生动。在拍摄时，可以从花朵或者树叶的背面进行拍摄，更容易获得逆光效果从而表现其透明的质感。

上图中的小树枝在强烈的阳光照射下，显得十分明亮，背景则在长焦镜头下形成多个亮斑。拍摄者从树叶的下方逆光进行拍摄，由于树叶薄且嫩，树叶看上去具有透明质感，而厚实的树木则形成暗部阴影，更好地突出了主体的光亮。

会发光的绿叶
【光圈优先模式　光圈：F6.3
快门：1/500s　　ISO：100
焦距：　200mm】

> **提示：** 当光线较强，而树叶又较薄时，通常被照射的绿叶在逆光下会具有透明质感。在拍摄时可通过降低曝光补偿值，在保证主体光亮的同时压暗其他景物的光亮，从而增强主体对光的表现力。

17.2.2   用冷暖对比突出树叶的色彩

　　秋天的树叶色彩绚丽多姿，因此也是用来表现色彩的最佳题材。当树叶在光的照射下，受光面的树叶色彩会显得更为突出和艳丽，而背光面的树叶色彩则呈暗色。当树叶的色彩以暖调为主，给人温暖、热烈的感觉；当树叶的色彩以冷调为主，则给人寂静、神秘等感觉。通过这种冷暖对比，能够进一步强调树叶的绚丽色彩，使观者在视觉上得到更深入的享受。

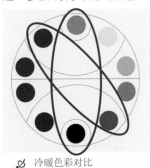

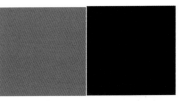

✍ 冷暖色彩对比

✍ 部分树叶在阳光的照射下呈现出暖调的红色，恰好与冷调绿叶形成冷暖对比

✍ 秋天的大部分树叶呈现出极暖调的橙色，未受到光照的树叶为极冷黑色，冷暖对比鲜明

　　下图中的树林在顶光的照射下，树叶色彩显得十分绚丽。其中的部分树叶以浓郁的红色和橙色为主，表现为暖调里的极暖色彩；而另一部分树叶仍旧保留着淡淡的绿色，大面积的阴影部分使得树叶看上去呈暗部黑色，表现为极冷色彩。借助冷暖对比可将树叶色彩更好地渲染出来。

绚丽的树叶　【光圈优先模式　　光圈：F6.3　　快门：1/800s　　ISO：100　　焦距：40mm】

17.2.3　拍摄带有露珠的叶片

清晨能够给人一种空气清新而凉爽的感觉，这种无法触摸的独特感受，可以通过拍摄绿叶上晶莹的露珠来进行表现。拍摄时可使用特写的手法，对树叶进行靠近或拉近拍摄，使得露珠尽可能被放大，将其流动的动感和透明的质感表现出来。

下图中清晨的绿叶上衬托了晶莹的露珠，拍摄者通过靠近拍摄，以特写方式展现了细长的绿叶上悬挂的露珠。硕大的露珠在绿叶上摇摇欲坠，借助自然光将其透亮的质感表现出来，将清晨万物复苏的生命气息展现在观者眼前。

绿叶上的露珠　　【手动模式　　光圈: F2.9　　快门: 1/500s　　ISO: 100　　焦距: 12mm】

✍ 斜线构图能够为画面增强动感，将水珠沉重而光滑的质感表现出来，营造出水珠摇摇欲坠的灵动效果

✍ 靠近拍摄能够获取更多的画面细节，晶莹的大水珠具有很好的放大功能，它将绿叶的纹理进行放大后凸显出来，使得画面内容更加丰富有趣

17.3 拍摄树木

郁郁葱葱的树林带给人充满生机的感觉，在拍摄时可着力表现树林的茂密，以及其在蓝天下呈现出的别样风采，以此来记录大自然生机勃勃的样子。

17.3.1 展现最佳的剪影效果

秋冬季节，树木的落叶和苍劲有力的枝条都是不错的拍摄对象。表现树木枝干的奇特造型可以使用逆光拍摄，利用剪影形式将被摄主体的形状勾勒出来。同时，以此处日落时绚丽的天空为背景，能够为暗淡的画面增添一抹亮色，渲染出苍凉、神秘的色彩。

在下图中拍摄者利用晚霞作为画面背景，将正在下山的太阳纳入画面，使得景物内容更呈丰富生动。拍摄时使用点测光模式对准太阳下落位置附近的天空测光，同时降低曝光补偿值使得天空色彩搭配更加合理，而树木主体以剪影形式展现其奇特的造型。

舞动的树枝　　【手动模式　　光圈：F16.0　　快门：1/160s　　ISO：100　　焦距：17mm】

提示　　在用剪影的形式展现被摄主体时要注意避免剪影相互重叠，因为这样会造成被摄主体的轮廓不够鲜明，同时要以明亮、简洁地画面作为背景，并且准确对焦主体进行拍摄。

17.3.2 借助广角镜头展示树林的茂密

　　茂密的树林给人以清新自然的感觉。借助广角镜头进行拍摄可以将更多的树木纳入取景框，展现出树木茂盛的样子。拍摄茂密的树林应选择采光较好的位置和时间，比如选择上午或下午太阳照射角度较低、亮度较高的时间来拍摄，这样可以避免因曝光不足丢失细节。另外，排列整齐的、密集的枝干可以突出树林茂密的特点，偏亮的画面可展现树林生长特点，偏暗的画面可以表现树林的神秘感。

在右图中拍摄者使用广角镜头拍摄树林，宽广的视角可纳入更多的树木，并与蓝天相呼应，获取画面的透视效果，从而将树林密集地模样表现出来。

蓝天下的树林
【手动模式
光圈：F16.0
快门：1/200s
ISO：100
焦距：17mm】

> 提示
>
> 　　由于晴朗天气下的阳光十分强烈，这种光线可以使得树叶的色彩显得非常浓郁，但是天空常常会因过曝而丢失蓝色细节。选择一个蓝色渐变镜不仅能够降低天空曝光，还能表现纯净的天空色彩。

　　在右图中拍摄者从高处俯拍，这样不仅可以获取大范围的景物，还可以压缩树木间的距离。由于树木过于密集，仅有部分较高大的树木在阳光下显得色彩斑斓，偏暗的树木能增强神秘效果。

密集的树林
【手动模式 光圈：F13.0
快门：1/60s　ISO：400
焦距：20mm】

17.3.3 仰拍表现树木的高大挺拔

拍摄树木时要将树木的特征表现出来，使得画面与众不同。若采用低角度仰拍，画面中排列的树木会以直线方式呈现在画面上，在蓝天的映衬下，显得更加挺拔。使用仰拍更容易将树干的高大形象捕捉在画面上，可同时结合竖画幅构图，巧妙利用垂直空间的景物细节，烘托树木的挺拔姿态。

✍ 仰拍树木可突出树干的挺拔特征

✍ 树干形成线性汇聚，使得视野更为开阔

左图以仰角度表现树木直冲云霄的高大挺拔姿势，并结合竖画幅构图通过对垂直空间景物细节的描绘，进一步突出树木向上生长的力度。

高 大 挺 拔 的 树 木
【光圈优先模式
光圈: F6.3
快门: 1/60s
ISO: 100
焦距: 17mm】

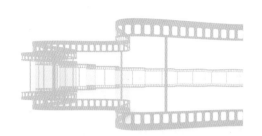

 **拍摄花朵**

在摄影艺术中，花卉摄影已经成为一个单独的摄影门类，它以花卉为主要的创作题材和拍摄对象。花卉摄影在技法上有许多特殊的要求，如取景、用光、构图、背景、色彩表现等都要适合花卉摄影的特殊要求和效果。

17.4.1 特写花朵局部细节

拍摄者可利用景别的不同来展示花卉的各个特点，特写通常将拍摄对象的局部细节清晰地展现在画面上，同时结合构图方式和拍摄的光线，可获取理想的画面效果，让其在视觉上增强了冲击力，色彩显得更加鲜艳。

特写荷花莲心，通过细节表现它的色彩和形状

在上图中使用长焦镜头将远处的荷花拉近取景，使其莲心成为拍摄主体。在柔和的自然光线的照射下，莲心色彩呈现出舒适的金黄色，局部取景还能将莲心细节精彩地展现出来。

金黄的莲心
【光圈优先模式
光圈：F5.6
快门：1/400s
ISO：400
焦距：100mm】

17.4.2 用中央构图法使主体更明确

中央构图是指将被摄主体放在画面的中央。从画面效果看，画面中央是视觉中心位置，容易被关注，因此将花朵放在画面中央位置能够起到突出主体的作用。另外，采用中央构图法拍摄的画面还能给人以均衡感。若同时在花朵的周围纳入绿叶，能让场景看上去更显舒适。

在下图中拍摄者将水中的莲花置于画面的中心位置，采取俯角度拍摄。俯角度下的莲花在水中形成可爱的阴影，莲花周围的绿叶起到烘托环境的作用，为莲花增添几分生气。使用中央构图能够增强莲花主体的地位，不易被其他景物干扰。

水中的莲花　　【手动模式　　光圈：F8.0　　快门：1/125s　　ISO：100　　焦距：105mm】

  ✍ 将莲花处于画面的中央位置，可强调其作为主体的重要性

  ✍ 拍摄时纳入绿叶、倒影作为陪体，不仅能烘托主体生长环境，还能起到衬托对比的作用

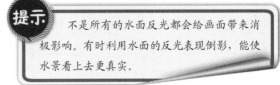

提示. 　不是所有的水面反光都会给画面带来消极影响。有时利用水面的反光表现倒影，能使水景看上去更真实。

17.4.3　虚化背景突出表现花朵

当环境杂乱或花卉太多时，会影响拍摄的花朵，这时应该通过对景深的控制将干扰主体的画面元素虚化，这样才能做到画面简洁、主体突出。使用长焦距、微距模式或微距镜头拍摄都可以使背景虚化，设置更大光圈或通过取景角度拉大主体与背景的距离，可以使背景虚化程度进一步加深。

在右图中拍摄者从垂直方向俯拍花朵，使得小花可爱的形状和色彩清晰呈现。同时在垂直面上远离镜头的花朵则被虚化，用来交待花的生长环境。

绽放的小花　【光圈优先模式　光圈：F5.6　快门：1/200s　ISO：100　焦距：18mm】

在右图中使用长焦镜头表现远处生长着野菊花。使用长焦镜头可以将远处的的背景虚化为绿色的色块，使得主体更为突出。

野菊花
【光圈优先模式
光圈：F5.6
快门：1/500s
ISO：100
焦距：105mm】

17.4.4　侧光拍摄更能突出花朵的立体感

侧光是指来自相机左右两侧的光线，当花朵被侧光照射时画面会产生较多的阴影，借助这种阴影的变化，可以利用侧光塑造被摄对象的立体感、空间感，表现画面丰富的层次、质感。侧光是花卉摄影的最佳光位，光线对画面细节的准确描述会使花朵更鲜活。

下图中在君子兰的左侧放置了一盏闪光灯，使用强光对君子兰的左侧进行照射，令其左面显得光亮十足，色彩表现为橙黄色；而处于右侧背光面的花瓣色彩显得十分浓郁甚至偏暗。侧光使得花朵色彩发生渐进的明暗变化，将其立体的效果凸显出来。

君子兰　【光圈优先模式　光圈：F5.6　快门：1.6s　ISO：80　焦距：25mm】

  ✍ 在侧光照射下，君子兰的色彩从左到右由黄色过渡到橘红色，由明过渡到暗，通过景物细节中的色彩和明暗有层次地变化，赋予花朵立体感

提示·　不同光位造型效果各不相同，即使侧光也分前侧光和正侧光。此外，闪光灯的光亮程度也是可调节的，拍摄者可通过对侧光的调节获取最具感染力的画面。

17.4.5　拍出荷花高洁的灵性

荷花具有花大色艳、清香远溢、凌波翠盖，常用来比喻一种高洁的气节。在现代风景园林中，由于荷花造型古朴淡雅、精美别致，愈发受到人们的青睐。在拍摄荷花时，需要抓住荷花的品质特点，运用各种拍摄技法将荷花高洁的灵性拍摄出来。

在下图中拍摄者使用中心构图法拍摄含苞欲放的花骨朵，通过调整取景角度，将已经打开的一片花瓣置于镜头前方，展现荷花开放时的动感。长焦镜头下的背景被虚化为绿色和黑色的色块，使得荷花主体更鲜明简洁，色彩更突出，从形态上展现了荷花高洁的灵性。

高洁的荷花　　【光圈优先模式　　光圈：F4.0　　快门：1/1000s　　ISO：200　　焦距：200mm】

☑ 使用中央构图法将荷花置于画面的中心位置，能够突出它的主导位置

☑ 大光圈将背景虚化为各种暗的色块，强调细腻的荷花色彩

提示

为了突出荷花的高洁灵性，拍摄时选择了阴天模式，使得整个画面具有一个较暖的色调，表现荷花静美的色彩。

17.4.6　借助色块表现花海

公园里或花展中花卉通常按色彩、品种整齐地排列，拍摄者可通过色块的形式表现这些花卉。拍摄时要注意调整取景角度，通常在略高于花丛高度的位置比较适合，这样拍出的花朵会显得比较密集，色块整齐、饱满。

在下图中拍摄者以俯拍角度进行取景，借助广角镜头的宽广视角，可纳入更多的菊花。在画面中同时纳入大面积的紫色菊花和黄色菊花，不仅能够丰富画面色彩，还能加强两种色彩的对比，增强画面色彩的冲击力。此外，多个菊花个体显得十分明亮，而背景较暗，通过分布这种有节奏的点，能够使整个画面具有结构美。

花海　【手动模式　光圈：F4.0　快门：1/125s　ISO：200　焦距：16mm】

🔖 黄色的菊花占据画面 1/3 的面积，而紫色的菊花占据画面 2/3 的面积，不对称的色彩对比，可使画面更活泼

🔖 多个菊花个体有节奏地呈点状分布，可增强画面结构美

提示

使用广角镜头进行俯拍，宽广的视角能使画面具有透视感，营造强烈的视觉冲击力。

第18章

动物摄影

白色小猫昂起自己的小脑袋，专注地望着前方，它对这个世界充满了好奇，因为有一天，它会长成一只大猫，这一路需要它勇敢地走下去。

黑色的背景能够突出猫咪主体，猫咪身后的辅光将其轮廓勾勒出来，强调出猫咪毛茸茸的毛发。同时以侧光作为拍摄主光，将猫咪明亮的眼神、专注的神态细致地描绘出来了。

温顺的小猫 【手动模式 光圈：F2.8 快门：1/100s ISO：640 焦距：50mm】

18.1 拍摄动物需要准备的器材

自然界中有着上亿个物种，有些动物体型庞大，有些动物体型瘦小；有些动物在空中高飞，有些动物在草地上奔跑；有些动物生活在陆地上，有些动物生活在水的世界里。如此繁多的动物，对摄影器材的要求也各不相同。在接下来的动物摄影中，将介绍一些常用的器材，有助于拍摄者获取更出色的画面。

18.1.1 使用增距镜拍摄动物细节

增距镜也称为倍增镜或者远摄变距镜。增距镜与其他的滤镜不同，它是一个安装在镜头和照相机机身之间的光学附件，作用为放大影像。增距镜具有不同的放大量，有 1.4×、1.7× 和 2.0× 等几种，一只 2.0× 的增距镜能够使影像的大小加倍，也就是说如果把增距镜附加在 50mm 镜头上，得到的影像会和 100mm 镜头所拍摄影像大小一样。左下图所示为肯高推出的 1.4× 倍增镜。

肯高推出的 1.4× 倍增镜

提示： 在安装了增距镜之后，使用镜头的长焦端拍摄出来的画面，有可能会出现暗角。

下图中使用了 105mm 镜头将蜜蜂拉近，同时在相机上安装了 2.0 倍的增距镜，获取了特写的拍摄效果。

在左图中拍摄者进行拍摄活动时，虽然使用了 105mm 的镜头拍摄，但是由于距离蜜蜂的位置较远，如果靠近拍摄又会将蜜蜂吓跑，因此即使在普通的长焦镜头下，也无法对蜜蜂进行更细致的特写。

花蕊上的蜜蜂　【手动模式　光圈：F11.0　快门：1/100s　ISO：200　焦距：105mm】

18.1.2　使用长焦镜头抓拍动物

长焦镜头又称为望远镜头，可以将眼前的景物放大，或者截取景物的一小部分。望远镜头是焦距较长的镜头，对于 35mm 相机来说，70mm 被认为是最短的望远镜头，长焦镜头可以提供更大的焦距范围，常用来抓拍远处不易靠近的野生动物，长焦镜头具有压缩空间的特点，能够使画面看起来更紧凑。

在下图中使用长焦镜头将焦点置于高空中正在飞翔的白鸽身上，并随着鸽子飞翔的方向移动相机，保持焦点不变，使用 1/800s 的高速快门将白鸽捕捉下来。这样拍摄的鸽子能够保证对焦处的清晰，运动的翅膀和背景画面均被虚化，营造出鸽子飞翔的动感和速度的快感。

飞翔的白鸽　【手动模式　光圈：F4.0　快门：1/800s　ISO：100　焦距：135mm】

    ✍　将白鸽置于画面中的黄金分割点的位置，使画面看上去更协调

    ✍　在白鸽的前方预留一定的画面空间，能够引导白鸽飞翔的方向性，避免画面拥堵

    ✍　使用跟踪技法拍摄，虚化的背景和翅膀可营造出飞翔的动感和速度感

提示　将焦点置于鸽子的身上，同时随着鸽子飞翔的方向移动相机，始终保持焦点不变，这种拍摄技法即为跟踪拍摄法。

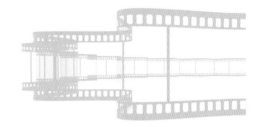

18.2 拍摄宠物

家庭宠物是很好的拍摄对象，其往往与人更亲密，对于它们的个性特点，也更容易表现出来。通常有趣的一面仅仅发生在一瞬间，除了宠物睡觉时能够选取多种构图方式表现，其他更多的时候，需要拍摄者在最短的时间内做出判断，快速进行构图并选取合适的参数完成拍摄。

18.2.1 特写宠物有趣的表情

不同的宠物有着自己可爱的地方，它们如此惹人喜爱，尽管人类的表情被称为世界上最为丰富的，但是对于动物而言，即使一个呆呆的表情也能唤起人们心中美好的感受。为了突出宠物可爱的表情，需注意选择合适的拍摄角度，使其面部处于画面的主导位置，结合特写的手法将这种表情放大，展现更多的细节部分使画面更能深入人心。

下图中两只可爱的小猫趴在沙发上显得十分享受，通过平角度构图将白色的小猫纳入画面。平角度能拉近观者与小猫的距离，使其更显贴切。同时结合特写的手法将其拉近，小猫可爱的小耳朵、粉鼻子以及佯装睡觉的模样均被细致地刻画出来了。

可爱的小猫　【光圈优先模式　　光圈：F4.0　快门：1/20s　ISO：800　焦距：50mm】

18.2.2 高速快门拍摄动物奔跑的姿态

除了拍摄静止宠物的各种可爱表情以外，为了展现宠物矫健、快活的一面，还可以拍摄其奔跑的姿态，让画面更具活力。较快的快门速度能将运动中的宠物准确捕捉，使其运动时身体的每个部位凝固在画面当中，获取动感的画面效果。

在上图中拍摄者采用 1/800s 的快门速度准确地将奔跑中的小狗姿态捕捉在画面上，同时，深色背景的纳入能将小狗的姿态更好地烘托出来。低角度拍摄能够捕捉到狗儿奔跑时的腿上动作，表现其矫健有力的特点。

✍ 在狗儿奔跑的方向预留出空白，可以引导动物活动的方向性

✍ 顺光照射下不易产生浓重的阴影，有助于表现动物毛发细节

奔跑的拉布拉多犬 【手动模式 光圈: F4.5 快门: 1/800s ISO: 400 焦距: 98mm】

提示
使用镜头的长焦端进行拍摄，不仅容易虚化背景，同时也能虚化前景，在利用草地交待拍摄环境的同时，还能丰富画面远近层次。

18.2.3　高速连拍宠物系列动作

　　通常宠物会有一连串可爱的动作，在拍摄时摄影师若不留意则常常会错过整套动作里面最想要的那个动作瞬间。为了在尽可能短的时间内完成单张拍摄，可使用相机上的高速连拍功能。目前高端单反相机的连拍速度能达到每秒 8.5 张，可掌握瞬息万变的现场。这里以佳能 50D 为例，它可以 6.3 张/秒高速连拍，让稍纵即逝的瞬间成为永恒的记忆。

　　✍　猫咪"喵喵"叫的时候十分可爱，却无法判断哪种表情最有趣，使用高速连拍将整个动作拍摄下来——图①②③为从中选
　　　　取的 3 张画面，最后再挑取一个最为满意的即可

✍　在佳能 50D 机身的右上
　　方有个 DRIVE 按钮，按
　　下该按钮后，旋转 LCD
　　屏幕右侧的大拨盘，即
　　可选择连拍张数

　　上图中的猫咪在完成"喵喵"叫的过程，可以使用高速连拍功能进行抓拍，此时可选择连拍 3 张，便可将猫咪"喵喵"叫的整个过程记录下来。拍摄时要注意准确地设置曝光参数，否则会出现一系列曝光不准确的画面。拍摄完毕后，便可从整套动作中选取最为满意的有趣画面。

微笑的猫　　【手动模式　　光圈：F2.0　　快门：1/250s　　ISO：100　　焦距：50mm】

提示
　　要提高连拍速度，必须尽量缩短拍摄每张画面所需的时间。要实现这一目的，除了需要提高对焦、测光感应器和运算模块处理性能外，对于拍摄者而言，应该选择合适的对焦点，既不能光线太暗也不能光线太亮。在长时间的连拍下，还需要借助三脚架拍摄，以保证画面清晰度。

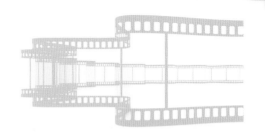

 ## 拍摄动物

尽管动物不易接近，但是它们独特的形象或是顽皮的样子，也是人们喜爱的拍摄题材。如果拍摄者有足够的耐心并掌握一定的拍摄技巧，那么拍摄动物将会是一件非常有趣的事情。

18.3.1　长焦取景拍摄远处的动物

野生动物警惕性高，喜欢在远离人类的环境中活动。选择长焦镜头拍摄动物，不仅能够在远距离内将其拉近放大，也对保护拍摄者安全有帮助。使用长焦距要注意安全快门的设置，最好使用三脚架稳定相机，即可以避免相机出现抖动，也能够花更长的时间来等待拍摄时机的出现。

上图中的鸽子在建筑的顶端休憩，羽毛微微蓬松正享受着阳光沐浴。拍摄者站在建筑下端，使用镜头的长焦端将这有趣的一角拉近放大，使得每只鸽子以不同的神态出现在画面里。在拍摄过程中需要等待一定的时间，才能获取多只鸽子相聚一起沐浴阳光的画面，此时三脚架在这个时候发挥了十分重要的作用。

鸽子群　【手动模式　光圈：F4.0　快门：1/640s　ISO：100　焦距：105mm】

18.3.2 结合环境拍摄鸟类

如果认为飞翔在蓝天下的大鸟显得有些单调，也可以通过为画面注入更多的环境元素让鸟儿显得更为生动。环境能够体现鸟儿的生存状况，同时还能通过色彩、形状等多个方面来衬托鸟儿的色彩和神态。在了解鸟类生活习性的前提下抓拍，成功率会更高。

下图中纳入了树叶和树枝的外部环境，将可爱的小鸟置于画面的中心位置，小鸟腹部浅黄色的羽毛与整体环境的浅绿色恰好形成互补色，均能给人一种轻松、明快的心理感受。尽管色彩相近，利用中央构图法仍旧能够将小鸟的主导位置强调出来。

枝头小鸟　【手动模式　光圈：F5.6　快门：1/500s　ISO：400　焦距：300mm】

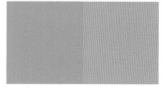

✍ 小鸟处于画面的中心位置具有强调主体的作用，形成中央构图法

✍ 借助树枝使画面形成斜线构图，增加画面灵动感，展现鸟儿活泼的气息

✍ 画面背景为浅绿色，鸟儿腹部羽毛为浅黄色，两种色彩恰好为互补色彩且较明快，使画面具有美好的柔美感

18.3.3 抓拍树林中的小动物

行走在树林间，偶尔也能遇见一些可爱的小动物，生活在城市的人们并不容易看见这些可爱的小动物，要善于把握住这种难得的机会，将其神态形象地刻画出来。拍摄时要注意与它们保持一定的距离，拍摄动作要轻，避免将其吓跑。此外，焦点位置的选择也显得十分重要，可将焦点置于小动物的眼睛上，更容易表现它们警觉的神态。

下图中的松鼠警惕性极高，为了不惊吓它，拍摄者站在原地使用 82mm 的长焦距进行拍摄。在侧光的照射下，松鼠的背部形成漂亮的轮廓光，毛发具有闪亮的光泽感，同时将焦点置于松鼠的黑眼珠上，能够深入刻画其警惕、小心的神态和模样。

警惕的小松鼠　　【**手动模式**　　光圈：F4.2　　快门：1/250s　　ISO：100　　焦距：82mm】

☑ 将焦点置于松鼠的黑眼珠上，可以更好地刻画其神态模样

☑ 借助光线可表现松鼠毛发的光泽和蓬松感，还能勾勒出它的背部轮廓

提示 树林中的小动物常常具有保护色，也就是自身的毛发纹理和环境十分接近，为了突出小动物主体，可将杂乱背景虚化，并借助光线在动物身上产生的轮廓光使其与背景分离出来。

18.3.4　拍摄水中游动的鱼

　　无论是生活在水族馆中的鱼儿，还是生活在河水中的鱼儿，在拍摄时均需要学会如何避免反光现象。鱼类美丽的形态和丰富的色彩，通常是拍摄的重点，偏振镜、大光圈镜头等器材可以改善拍摄环境存在强反光、光线较暗等不利情况。提高观光度也是适应暗光环境拍摄的好办法，特别是在水族馆内进行拍摄时。

左图采用了提高感光度的方法，借助水族馆的顶光照射拍摄鱼儿，从而提高快门速度获取黑暗背景突出鱼儿主体，还能消除玻璃的反光。

可爱的小鱼
【手动模式
光圈：F2.8
快门：1/125s　ISO：200
焦距：　50mm】

> **提示：**
> 　　如果感光度高到影响画面质量，快门速度慢到无法清晰再现被摄体时，拍摄者可让画面降低一挡左右的曝光，通过手动对焦模式拍摄，最后通过相关软件后期处理曝光不足的画面。

　　在拍摄右图所示的照片时为镜头配置了偏振镜，它能够有效地控制水面反光现象，使得水中鱼儿均能清晰地出现在画面当中。

觅食的锦鲤
【手动模式
光圈：F4.5
快门：1/640s
ISO：100
焦距：43mm】

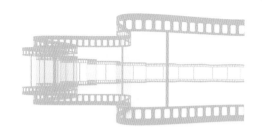

拍摄昆虫

奇形怪状的昆虫让人惊叹大自然的奇妙。掌握拍摄昆虫的技巧后，拍摄者可以将各种奇异昆虫记录下来，获取不同的视觉效果。

18.4.1 使用微距表现昆虫细节

要想展现微观世界的姿态，就需要借助微距镜头来实现。微距镜头一般在 20~30cm 就可以实现对焦了，因此在拍摄时可以尽可能地靠近被摄体一些，但是对于一些比较危险或胆小的昆虫来说就要离远一些了，不少长焦镜头也是具备微距功能的。另外，微距镜头都有一个大光圈，这样就可以更好地虚化背景以体现拍摄主体。

✍ 每一个厂商都推出了自己的微距镜头，甚至有的厂商推出了多种微距镜头供用户选择。上图所示的是尼康推出的最新一代的 60mmF2.8G 型微距镜头，下图所示的是腾龙推出的 60mmF2.0 微距镜头

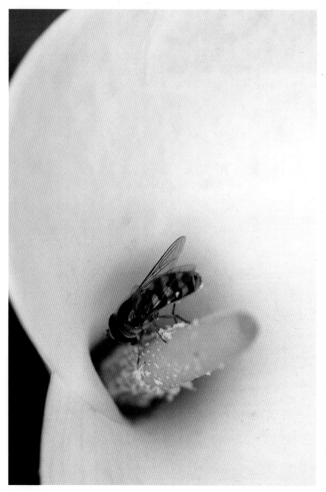

在左图中选取了微距镜头表现蜜蜂形态。利用微距镜头能够将昆虫放大，使其翅膀的纹理和细长的腿部均能够清晰地展现出来，微距镜头所获取的画面锐利度更高。

蜜蜂采蜜　【光圈优先模式
光圈：F4.0　快门：1/400s　ISO：200
焦距：100mm】

18.4.2　平角度取景拍摄昆虫

利用水平角度拍摄昆虫具有将拍摄对象拟人化的含义，画面会产生视觉交流的感觉，给人留下深刻的印象。水平角度容易拍到昆虫的脚、触须等，可展现昆虫丰富的细节。拍摄昆虫时要注意，由于画面的景深很浅，因此使用三脚架稳定相机很有必要。

左图所示为采用水平角度表现落在花朵上的白色蝴蝶。平角度拍摄昆虫能够产生视觉交流的感觉，将其翅膀质地、脚和触须的细节深刻地展现出来。而虚化的背景能够更好地强调主体。

白色蝴蝶　【程序模式
光圈：F7.1　快门：1/250s
ISO：100　焦距：200mm】

18.4.3　高速快门抓拍飞行中的蜜蜂

蜜蜂小巧玲珑，当它们飞舞起来时，抖动的翅膀看起来甚是可爱。使用高速快门可将飞行中的蜜蜂"凝固"下来，拍摄时最大的难度就是对焦，拍摄者可选择在花上停留的蜜蜂作为拍摄对象，提前做好测光、对焦准备然后耐心等待，在蜜蜂抖动翅膀离开花朵的瞬间按下快门，使用连续对焦模式拍摄更容易得到清晰的影像。

左图所示为拍摄者选取平角度从正面拍摄的飞舞中的蜜蜂，使得画面获得一种强烈的冲击力，令观者感觉蜜蜂即将飞出画面撞向自己。而作为前景的少量黄色花瓣最终反映了蜜蜂飞往的方向。

飞舞的蜜蜂
【光圈优先模式
光圈：F3.2
快门：1/1000s
ISO：100
焦距：100mm】

寻觅 【手动模式 光圈: F2.8 快门: 1/200s ISO: 100 焦距: 70mm】

后期的修饰

将拍摄的照片进行后期处理是摄影师们完善照片的一个重要步骤，这里在第 19 章介绍了对 Raw 格式照片进行查看和后期编辑的相关方法，第 20 章介绍了利用 Photoshop CS5 图像处理软件对照片进行进一步美化修饰的相关技巧。学习完本篇知识后，读者可以掌握校正照片拍摄出现的问题以及进行特殊的美化处理等相关方法和技巧，从而制作出拍摄不出的艺术效果，让照片以得以展现更完善的一面。

第 19 章　学会处理 RAW 格式照片

第 20 章　数码照片的后期修饰与美化

第**19**章

学会处理 RAW 格式照片

在橙色的灯光照耀下，给人暖暖的感觉。

对于拍摄 Raw 格式照片，如果觉得还有一些瑕疵，则可以在后期处理时将其导入计算机中，通过专业的 Raw 格式处理软件进行专业的照片校正处理，从而打造出自己满意的充满唯美艺术感的照片效果……

19.3.3 对色差照片的艺术处理

19.1 RAW 格式照片的管理和查看

Raw 格式照片是拍摄照片的原始图像编码数据，保留了最大的图像信息量。对于拍摄好的 Raw 格式照片，需要将其导入到计算机中，然后对 Raw 格式的照片进行查看和管理，方便进一步设置完善照片。本章将介绍对 Raw 格式的照片的导入、查看和基本的管理，并学习利用 Camera Raw 软件对 Raw 格式的照片进行简单的校正、修饰，从而打造出唯美的艺术效果。

19.1.1 数码照片的导入

使用数码相机拍摄好 Raw 格式照片后，可通过读卡器将存储的数码照片导入到计算机中，在数码相机中取出存储卡后，放置到读卡器中，然后将读卡器插入到电脑的 USB 接口上，就可以将存储卡中保存的照片打开，然后通过复制即可将照片导入到计算机中。

步骤 1：将存储卡插入到所配置的读卡器中，然后将读卡器连接到计算机的 USB 接口上，如下图所示。

步骤 2：在电脑桌面上就会弹出一个对话框，选择"打开文件夹以查看文件"选项，然后单击"确定"按钮，就可以文件夹的形式打开存储卡中的照片，对话框如下图所示。

步骤 3：在打开的文件夹中可通过缩览图的方式预览照片效果，然后按快捷键 Ctrl+A 和 Ctrl+C 全选照片并复制，再在电脑上选择存储位置后按快捷键 Ctrl+V 粘贴复制所有照片，从而完成照片的导入操作。

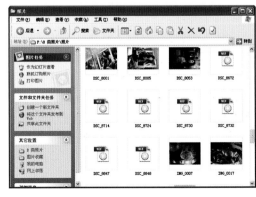

提示：
在使用相机进行 Raw 格式照片拍摄之前，应确保已准备了用于存储大量 Raw 格式文件的存储卡，最好选择一块 4GB、8GB 或更大容量的支持高速读/写功能的存储卡。

19.1.2　查看照片的拍摄信息

使用数码相机拍摄照片时，会自动把照片的拍摄信息嵌入到照片内，在电脑中可使用 Adobe Bridge 中的"元数据"选项卡来查看照片的这些信息。在 Adobe Photoshop CS5 软件中启动 Bridge CS5，就可以在 Bridge 中查看 Raw 格式照片的拍摄信息。

步骤 1：打开 Photoshop CS5 软件，单击"启动 Bridge"按钮，如下图所示，就可启动 Bridge 软件。

步骤 2：打开 Bridge 窗口后，在"文件夹"选项卡中定位需要查看照片所在文件夹，窗口效果如下图所示。

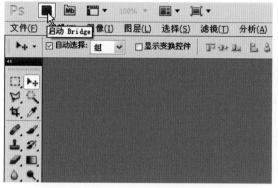

步骤 3：单击选择一个 Raw 格式照片，在右侧的"元数据"选项卡中就可查看照片的"文件属性"、IPTC Core、"相机数据"和"音频"等信息，如下图所示。

步骤 4：如需查看"相机数据"，可单击"相机数据"选项下拉按钮，在打开的下拉菜单中可显示照片的曝光模式、焦距、镜头等一系列 Raw 格式照片的拍摄信息，如下图所示。

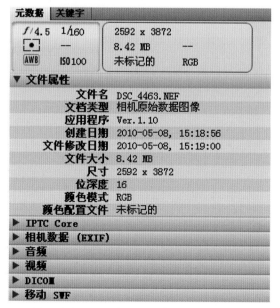

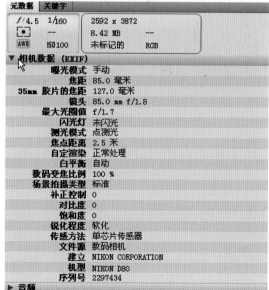

19.1.3 打开一张或多张 RAW 格式文件

需要打开 Raw 格式的文件时，可通过在 Bridge 中选择一张或多张 Raw 格式文件后，执行"打开"或"在 Camera Raw 中打开"命令，即可将文件在 Raw 格式处理软件中打开。下面介绍在 Camera Raw 中打开一张或多张 Raw 格式文件的操作步骤。

步骤1：在 Bridge 窗口中选择一个 Raw 格式的文件，执行"文件"→"在 Camera Raw 中打开"菜单命令，如下图所示。

步骤2：执行命令后就可打开 Camera Raw 窗口，在窗口预览框中可看到打开的 Raw 格式照片效果，如下图所示。

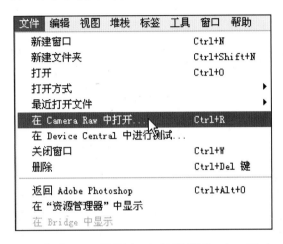

步骤3：需要打开多张照片时，可在 Bridge 的"内容"选项卡中按住 Ctrl 键的同时使用鼠标单击选中多个 Raw 格式文件，如下图所示。

步骤4：在打开的 Camera Raw 窗口中可查看选择的多个文件在右侧以缩略图的形式排列显示，单击其中一张照片就可在预览框中查看显示效果，如下图所示。

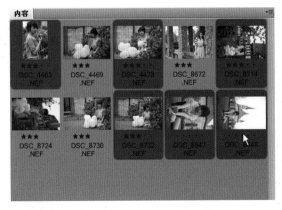

> **提示**
>
> 在文件夹或 Bridge 中同时选择多个文件时，可利用快捷键快速、准确地选中文件。当按住 Shift 键在两个不同文件上单击后，可将这两个文件之间的所有文件同时选中；按住 Ctrl 键的同时在文件上单击可以加选被单击的文件。

19.1.4　从 RAW 格式转换为 JPEG 格式

Raw 格式的照片需要在专业的 Raw 格式处理软件中才能打开并编辑，为了更加方便地使用照片，可将 Raw 格式的照片转换为各种软件常用的 JPEG 格式。通过在 Camera Raw 中打开文件后，利用"存储图像"功能，就可将照片存储为 JPEG 格式，达到快速转换文件格式的目的。下面介绍具体的转换操作步骤。

步骤 1：在 Bridge 窗口中的"内容"选项卡下单击选中一个 Raw 格式的照片，执行"文件"→"在 Camera Raw 中打开"菜单命令，如下图所示。

步骤 2：执行命令后，就可打开 Camera Raw 窗口，在窗口预览框在可看到打开的文件图像效果，如下图所示。

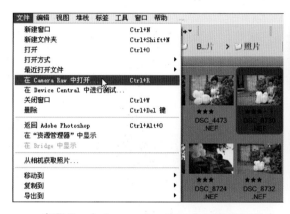

步骤 3：在 Camera Raw 窗口左下角位置单击"存储图像"按钮，如下图所示，就可打开"存储选项"对话框。

步骤 4：在打开的"存储选项"对话框中可以设置文件的存储位置、名称、扩展名和格式。选择格式为 JPEG 后，单击"存储"按钮就可将 Raw 格式转换为 JPEG 格式的文件。

提示

在"存储选项"对话框的"格式"下拉列表中可选择"数字负片"、JPEG、TIFF 和 Photoshop 这 4 种格式，即可将 Raw 格式照片转换为这 4 种格式。

19.2 在 Camera Raw 中的简单校正与修饰

Adobe Camera Raw 作为 Photoshop 的一个插件，是用于处理 Raw 格式的专业软件，具有专业性强、速度快、简单易用等优点，成为 Raw 格式文件常用的处理软件之一。本节就将介绍在 Camera Raw 中对 Raw 格式照片进行简单校正与修饰的相关方法，包括颜色校正、锐化图像和色调调整等，从而帮助读者快速完成对 Raw 格式照片的处理。

19.2.1 通过调整白平衡快速校正偏色

白平衡是用于正确平衡拍摄光照情况下图像的色彩，如果对拍摄的照片效果不满意，可在 Camera Raw 中打开需要校正的 Raw 格式照片，利用白平衡设置选项校正照片的色温和色调，恢复照片自然颜色，具体操作步骤如下。

素材文件：随书光盘/素材/第 19 章/01.NEF　　最终文件：随书光盘/源文件/第 19 章/调整白平衡校正偏色.jpg

步骤 1：打开随书光盘路径\素材\第 19 章\01.NEF 文件，在 Camera Raw 中单击"顺时针旋转 90 度"按钮，旋转图像效果如下图所示。

步骤 2：在右侧的"白平衡"选项下设置"色温"为 4200、"色调"为 -7、"亮度"为 +95、"对比度"为 +50，选项设置如下图所示。

步骤 3：在"基本"选项卡中设置了白平衡后，在预览框中可看到图像被校正了颜色。去除了偏黄色调，校正后的效果如下图所示。

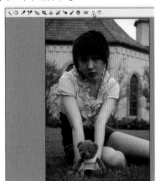 

19.2.2　照片的快速锐化处理

对于拍摄的较为模糊的照片，在利用 Camera Raw 进行处理时，可通过设置清晰度来提高图像的清晰效果，并利用"细节"选项卡中的"锐化"和"减少杂色"功能，对照片细节进行更细致的锐化处理，从而快速制作出清晰的照片效果。下面介绍具体的操作步骤。

素材文件：随书光盘\素材\第 19 章\02.NEF　　最终文件：随书光盘\源文件\第 19 章\照片的快速锐化处理.jpg

步骤 1：在 Camera Raw 窗口中打开随书光盘\素材\第 19 章\02.NEF 文件，打开照片效果如下图所示。

步骤 2：在右侧的"基本"选项中设置"亮度"为 +70、"清晰度"为 +100、"自然饱和度为" +80，如下图所示。

步骤 3：设置选项后，在左侧的预览框中可看到图像被提高了亮度、饱和度并变得清晰的效果，如下图所示。

步骤 4：单击"细节"标签，在其中设置"锐化"选项区下的"数量"为 150、"半径"为 1.5、"细节"为 15，如下图所示。

步骤 5：在"减少杂色"选项区中设置"明亮度"为 100、"明亮度细节"为 35、"明亮度对比"和"颜色细节"都为 100，如下图所示。

步骤 6：设置锐化和减少杂色后，在左侧的预览框中可看到照片被锐化变得更加清晰的效果，设置完成效果如下图所示。

19.2.3　打造更鲜艳的画面色彩

色彩过于平淡的照片难以将照片中的景色完美展现出来，对于此类照片可利用 Camera Raw 中的色彩调整功能，提高整体色彩的饱和度，也可针对某个颜色提高其饱和度，增强画面色彩感，打造色彩更加艳丽的画面，具体操作步骤如下。

素材文件：随书光盘\素材\第 19 章\03.CR2　最终文件：随书光盘\源文件\第 19 章\打造更艳丽的画面色彩.jpg

步骤 1：执行"文件"→"打开"菜单命令，打开随书光盘\素材\第 19 章\03.CR2 素材文件，照片效果如下图所示。

步骤 2：在右侧的"基本"设置选项中设置"自然饱和度"参数为+75、"饱和度"参数为+40，如下图所示。

步骤 3：设置饱和度选项后，在左侧的图像预览窗口中可看到图像整体颜色饱和度被提高，效果如下图所示。

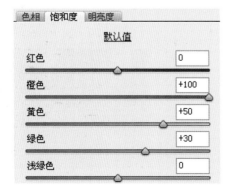

步骤 4：单击"HSL/灰度"按钮，在打开的选项中单击"饱和度"标签，在其中设置"橙色"为+100、"黄色"为+50、"绿色"为+30。

步骤 5：分别对画面中几个重要颜色进行饱和度的提高设置后，在图像窗口中可看到照片颜色变得艳丽的效果，完成后如下图所示。

19.2.4　还原照片真实的色调效果

受拍摄光线的影响，难免会丢失失照片的真实色调效果，这里可利用 Camera Raw 中的"色调曲线"功能，分别对照片的高光、亮调、阴影区域进行设置，并调整曲线的弯曲弧度，增强画面的层次感，还原真实色调效果，具体操作步骤如下。

素材文件：随书光盘\素材\第 19 章\04.CR2　最终文件：随书光盘\源文件\第 19 章\还原照片真实的色调.jpg

步骤 1：打开随书光盘\素材\第 19 章\04.CR2 素材文件，打开的照片效果如下图示所示。

步骤 2：单击"色调曲线"按钮 ，在其中如下图所示设置参数。

步骤 3：设置色调曲线选项参数后，在图像窗口中可看到提高了照片高光和暗调区域的效果，如下图所示。

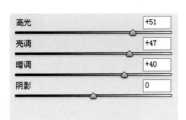

步骤 4：单击"点"标签，在打开的曲线编辑框中，使用鼠标单击曲线添加点，然后拖曳点设置出 S 形效果。调整曲线后，在图像窗口中可看到照片提高了明暗对比度，让照片的色调恢复到原本效果。完成后的照片效果如右图所示。

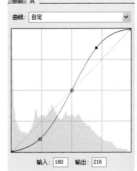

19.3 利用 Camera Raw 打造唯美艺术效果

为了让自己拍摄的照片效果更显唯美，可以对其进行后期处理。利用 Camera Raw 不仅可以对照片进行校正修饰处理，也可以通过不同参数设置打造特别的效果，从而增强照片的艺术感，达到想要的唯美效果。

19.3.1 调整局部图像的色彩

利用 Camera Raw 中的"调整画笔"功能，可以对照片的局部进行调整和修饰。单击工具箱中的"调整画笔"按钮，打开调整画笔工具面板。利用其中的选项可以对照片的曝光、亮度、对比度、饱和度、锐化等进行设置。然后使用画笔在图像中需要编辑的区域进行涂抹，即可更改被涂抹区域是色彩。具体操作步骤如下。

素材文件：随书光盘\素材\第19章\05.CR2   最终文件：随书光盘\源文件\第19章\调整局部图像的色彩.jpg

步骤 1：打开随书光盘\素材\第 19 章\05.CR2 素材文件，然后在工具箱中单击"调整画笔"按钮 ✎。

步骤 2：在右侧打开的"调整画笔"面板中设置"亮度"为 +20 、"对比度"为 +30、"饱和度"为 -100、"大小"为 18，如下图所示。

步骤 3：使用画笔工具在花朵图像的背景区域涂抹，被涂抹区域降低了色彩饱和度，如下图所示。

19.3.2　展现艺术的明暗效果

明暗对比强烈的照片更能带给人艺术感。对于普通的照片可通过提高亮度、对比度并根据照片效果填充亮光或黑色，增强照片中的暗调或高光区域，然后利用色调曲线中的设置提高亮调、暗调，从而使画面达到强烈的明暗对比效果，具体操作步骤如下。

素材文件：随书光盘\素材\第 19 章\06.CR2　最终文件：随书光盘\源文件\第 19 章\展现艺术的明暗效果.jpg

步骤 1：执行"文件"→"打开"菜单命令，打开随书光盘\素材\第 19 章\06.CR2 素材文件，照片效果如下图所示

步骤 2：在右侧的"基本"选项面板中设置"黑色"为 20、"亮度"为+70、"对比度"为 +100、"自然饱和度"为+55，如下图所示。

步骤 3：设置基本选项后，在图像窗口中可看到照片被提高了暗调效果，并增强了色彩饱和度，如下图所示。

步骤 4：单击"色调曲线"按钮，在打开的面板中设置"亮调"参数为+40、"暗调"为−60、"阴影"为−100。设置完成后，在图像窗口中可看到照片被调整为明暗对比强烈的效果了最终效果如右图所示。

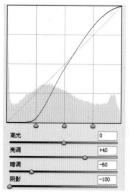

19.3.3 对色差照片的艺术处理

对于色差照片的处理可通过"渐变滤镜"功能在照片上叠加一种颜色，由于是渐变颜色可让添加的颜色在照片中产生自然的过度，显得更加融合，然后在通过调整对比度等基本选项，处理成一副暖色调的艺术照片效果，具体操作步骤如下。

 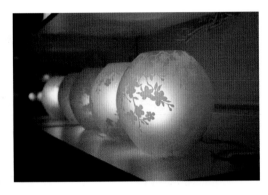

素材文件：随书光盘\素材\第 19 章\07.CR2   最终文件：随书光盘\源文件\第 19 章\对色差照片的艺术处理.jpg

步骤 1：打开随书光盘\素材\第 19 章\07.CR2 素材文件，在工具栏中单击"渐变滤镜"按钮，如下图所示。

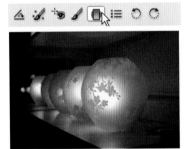

步骤 2：使用鼠标在图像上方位置单击并向下拖曳，调出渐变颜色的应用区域，如下图所示。

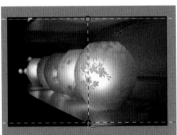

步骤 3：在右侧单击颜色设置方块，打开"拾色器"对话框，使用吸管在色谱上单击橙色，如下图所示。

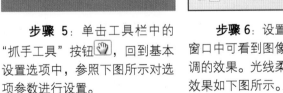

步骤 4："渐变滤镜"面板，参照下图所示对各选项参数依次进行设置。

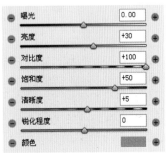

步骤 5：单击工具栏中的"抓手工具"按钮，回到基本设置选项中，参照下图所示对选项参数进行设置。

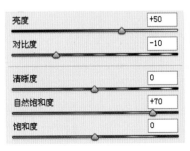

步骤 6：设置完成后在图像窗口中可看到图像被添加上橙色调的效果。光线柔和的暖色照片效果如下图所示。

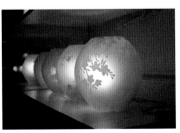

19.3.4　为照片添加艺术晕影效果

为了让照片主体部分得以更好展示，可以在照片上添加晕影效果，让边角区域变暗，与主体部分形成强烈的明暗对比，增强照片的艺术感染力。这里利用调整画笔降低照片编辑的亮度，制作出暗角效果，再对图像的对比度、亮度进行增强，具体操作步骤如下。

素材文件：随书光盘\素材\第 19 章\08.CR2　　最终文件：随书光盘\源文件\第 19 章\为照片添加艺术晕影.jpg

步骤 1：打开随书光盘\素材\第 19 章\08.CR2 素材文件，在工具栏中单击"调整画笔"按钮，如下图所示。

步骤 2：在打开的"调整画笔"面板中设置"亮度"选项参数为−100，其他的选项参数都为 0，如下图所示。

步骤 3：使用画笔工具在图像窗口中照片的边缘进行涂抹，可看到被涂抹区域的图像变暗，产生了暗角效果。

步骤 4：单击工具栏中的"抓手工具"按钮，回到基本设置选项中，设置亮度和对比度选项参数都为+60，自然饱和度为+10，如下图所示。

步骤 5：单击"色调曲线"按钮，在打开的面板中设置"亮调"参数为+30、阴影参数为−40，如下图所示。

步骤 6：设置完成后，在图像窗口中可看到照片被调整为中间部分明亮，边缘为暗调的晕影效果，让照片主体更加突出，效果如下图所示。

性感女子 【手动模式 光圈: F5.0 快门: 1/60s ISO: 1600 焦距: 70mm】

第20章

数码照片的后期修饰与美化

色彩艳丽、明亮的风景照片总能给人强烈的视觉享受。

对拍摄的照片，如果存在一些瑕疵可以在后期处理时利用 Photoshop 软件对其进行编辑、更改照片问题，修饰出更加完美的照片效果。学完本章知识后，我们一起来动手调整自己的照片吧……

20.3.2　处理灰蒙蒙的照片

20.1 数码照片的查看与管理

在电脑中想要对大批量的数码照片进行查看与管理，可以利用 Adobe Bridge 软件进行操作。在 Bridge 中可以同时对多张照片进行浏览查看、分类管理以及批量处理照片，是管理数码照片的好帮手。本节中就将详细介绍在 Bridge 中查看与管理照片的相关方法。

20.1.1 使用 Adobe Bridge 查看照片

启动 Adobe Bridge 后，在其默认版面分为主窗口和选项卡区域两个主要部分，在主窗口的中间"内容"面板中显示照片的缩略图，在右侧的"预览"面板中可以查看当前选中的照片，让用户在同一屏幕中查看照片的缩略图和放大图，还可拖曳窗口的分割滑块调整大图的显示尺寸。使用 Bridge 查看照片的具体操作步骤如下。

步骤 1：打开 Photoshop CS5 软件，单击"启动 Bridge"按钮，如下图所示，就可启动 Bridge 软件。

步骤 2：打开 Bridge 窗口后，在"文件夹"面板中定位需要查看照片所在文件夹。在中间"内容"面板中显示文件照片缩略图。

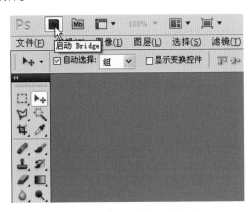

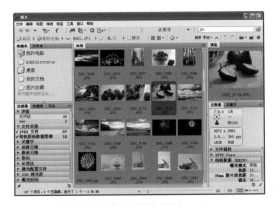

步骤 3：使用鼠标在"内容"和"预览"两个面板边缘拖曳分割滑块，可以隐藏其他面板的显示，在窗口中只显示照片缩略图和选中照片的大图预览效果，如右图所示。

提示

在 Bridge 中的两个面板边缘线上单击并拖曳，就可调整面板的大小。执行"窗口"→"工作区"→"预览"菜单命令，隐藏预览效果以外的面板，也可以得到右图所示的窗口效果。

步骤 4：按住 Ctrl 键的同时使用鼠标在"内容"面板中单击不同的照片缩略图，可同时加选多个照片，被选中的照片在右侧的"预览"面板中显示，如下图所示。

步骤 5：选中多张照片后执行"视图"→"审阅模式"菜单命令，如下图所示，也可按下快捷键 Ctrl+B，切换到审阅窗口中。

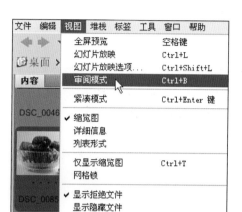

步骤 6：执行命令后，可看到在计算机中以全屏模式显示了选中的多张照片，照片显示效果如下图所示。

步骤 7：将鼠标在最前面显示的照片上可看到光标变为"放大工具"图标，单击即可在该位置上出现一个放大框，将单击区域的图像以 100% 放大显示，效果如下图所示。

步骤 8：将光标放置到其他照片上将出现"抓手工具"的图标，单击鼠标就可将该照片切换到最前方以大图形式显示，便于查看照片效果。也可在窗口下方单击左、右方向键，切换照片进行查看，如右图所示。

提示

　　需要退出"审阅模式"时，可按下键盘上的 Esc 键退出，也可在窗口右下角单击关闭按钮 ✕ 即可退出。

20.1.2　对照片进行分类管理

在 Bridge 中可以采用 5 种常用标签和无标签或星级等级来进行分类，添加标签可在选中照片边缘设置不同的标签颜色，从而与其他照片区分开来，然后根据照片的效果进行评级，以此来区分不同类型的照片，下面介绍具体的分类管理操作步骤。

步骤 1：在 Bridge 中打开所需照片文件，可以同时选中几张同类型的照片，再执行"标签"→"第二"菜单命令，如下图所示。

步骤 2：执行命令后，在"内容"面板中可看到选中的照片被添加上了黄颜色的标签，显示得更加突出，效果如下图所示。

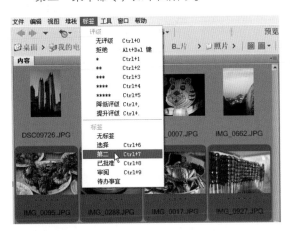

步骤 3：对选中的照片执行"标签"→***菜单命令，或按下快捷键 Ctrl+3，如下图所示。

步骤 4：在缩略图中就可看到被添加上标签的照片统一评级为三星，即在黄色标签上出现三颗黑色的星星效果，如下图所示。

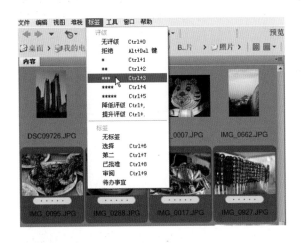

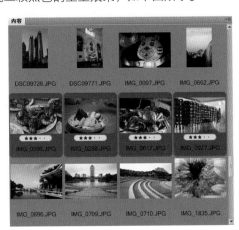

> **提示**
>
> 对照片添加标签或评级的时候，最快速的方法是使用快捷键。在选中照片后，按下 Ctrl+1～9，就可以快速给照片添加上标签和星级。需要取消标签或评级时，执行"标签"→"无评级"或"标签"→"无标签"菜单命令就可以取消了。

20.1.3　批量重命名照片

　　利用 Bridge 可以对数量众多的照片进行批量处理，例如更改照片名称。将照片选中后选择"批重命名"命令，就可在打开的"批重命名"对话框中设置新的名称，在下方的"预览"选项区中可以看到设置前后的照片名称，然后选择批处理后照片的存储位置，就可自动对照片名称进行更改，具体操作步骤如下。

　　步骤 1：在 Bridge 打开一个需要更改照片名称的文件夹，在窗口中可查看照片的缩略图和名称，如下图所示。

　　步骤 2：按下快捷键 Ctrl+A，全选照片。执行"工具"→"批重命名"菜单命令，如下图所示，或按下快捷键 Ctrl+Shift+R，均可打开"批重命名"对话框。

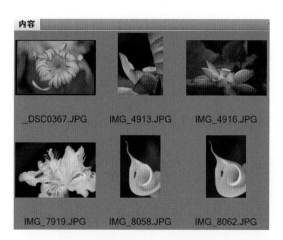

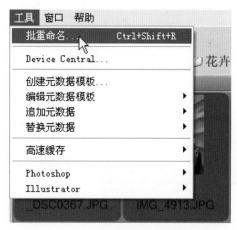

　　步骤 3：在"批重命名"对话框的"目标文件夹"选项区中选择重命名后文件的存储位置，然后在"新文件名"选项区中选择"文字"选项并输入文字为"花卉"，然后选择"序列数字"选项来重新命名照片，选项设置如下图所示。

　　步骤 4：确认批量重命名设置后，回到 Bridge 中可看到自动处理后的照片。些时会打开重命名文件存储的文件夹，显示更改名称后的照片，如下图所示。

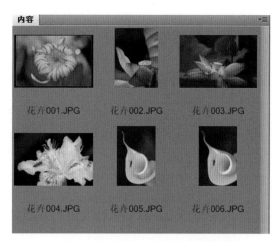

20.2 使用 Photoshop 软件简单处理照片

Adobe Photoshop 作为一款专业的图像处理软件，以其强大的图像处理功能成为了摄影师们后期处理照片的专业软件。本节中就开始介绍利用 Photoshop CS5 软件对照片进行一些常用的简单处理技术，比如快速裁剪照片来重新构图、校正变色照片、调整照片曝光度以及遮盖照片中出现的日期。

20.2.1 对图像进行裁剪

对于构图不够完善或照片中出现多余的景物时，都可以通过裁剪来去除不需要的部分，这里利用"裁剪工具"将竖向构图的照片裁剪成横向构图的效果，并旋转图像角度，校正倾斜的花朵，具体操作步骤如下。

素材文件：随书光盘\素材\第 20 章\01.jpg　　最终文件：随书光盘\源文件\第 20 章\对图像进行裁剪.psd

步骤 1：打开随书光盘\素材\第 20 章\01.jpg 文件，在"图层"面板中复制"背景"图层，得到"背景副本"图层，如下图所示。

步骤 2：对复制图层执行"图像"→"自动色调"菜单命令，如下图所示。也可按下快捷键 Shift+Ctrl+L，快速执行命令。

步骤 3：执行命令后在图像窗口中可见照片自动调整色调被提亮的效果。然后在工具箱中单击选中"裁剪工具"，如下图所示。

步骤 4：使用"裁剪工具"在图像窗口中间左侧位置单击并拖曳，出现裁剪框，边框以外的区域以半透明黑色显示，效果如下图所示。

步骤 5：将鼠标放置在裁剪框边缘的方格外沿，鼠标变为双箭头图标，单击并拖曳即可旋转裁剪框，效果如下图所示。

步骤 6：按下 Enter 键，确认裁剪，可看到裁剪框以外的区域被裁剪掉，并调整了图像的角度。在"调整"面板中单击"创建新的色阶调整图层"按钮，如下图所示。

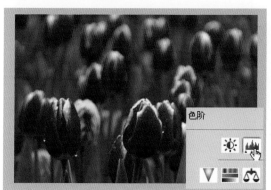

步骤 7：在打开的"色阶"设置选项中，使用鼠标在滑块上单击并拖曳，调整滑块位置到 20,1,210，如下图所示。

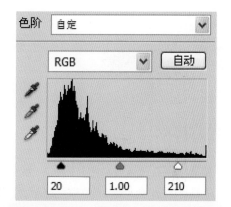

步骤 8：设置色阶调整图层后，在图像窗口中可看到图像被提高了明暗对比，让花朵显得更加娇艳，效果如右图所示。

> **提示**
>
> 在"色阶"设置选择中，利用黑色滑块▲代表阴影、灰色滑块▲代表中间色、白色滑块△代表高光，拖曳这些滑块可分别对图像中的最暗处、中间色和最亮处的色阶值进行调整。

20.2.2 快速校正变色的照片

对于受环境光亮影响而拍摄出的变色照片，在 Photoshop 中通过简单的自动调整命令，即可自动校正照片的颜色、色调，恢复照片自然的颜色效果。一般只需执行"自动颜色"和"自动色调"命令，就可以开始对照片进行自动校正处理，下面介绍具体的操作步骤。

素材文件：随书光盘\素材\第20章\02.jpg   最终文件：随书光盘\源文件\第20章\快速校正变色的照片.psd

步骤 1：打开随书光盘\素材\第 20 章\02.jpg 文件，打开的照片效果如下图所示。

步骤 2：在"图层"面板中将"背景"图层拖曳到"创建新图层"按钮上，创建"背景副本"图层，如下图所示。

步骤 3：执行"图像"→"自动颜色"菜单命令，或按下快捷键 Shift+Ctrl+B，如下图所示。

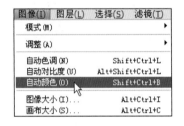

步骤 4：在图像窗口中可看到照片自动调整了颜色，去除了昏暗效果，如下图所示。

步骤 5：执行"图像"→"自动色调"菜单命令，或按下快捷键 Shift+Ctrl+L，如下图所示。

步骤 6：执行命令后，在图像窗口中可看到照片的完成效果，如下图所示。

20.2.3 调整曝光不足的照片

曝光不足的照片会使画面偏暗，不能让照片中的主体对象得以展现，对于此类型照片可通过 Photoshop 的曝光度、曲线调整命令来更改照片曝光度和提高照片亮度，然后利用"减淡工具"提亮照片中人物皮肤区域，恢复明亮的人像照片，具体操作步骤如下。

素材文件：随书光盘\素材\第 20 章/03.jpg　最终文件：随书光盘\源文件\第 20 章\调整曝光不足的照片.psd

步骤 1：执行"文件"→"打开"菜单命令，打开随书光盘\素材\第 20 章\03.jpg 文件，效果如下图所示。

步骤 2：在"调整"面板中单击"创建新的曝光度调整图层"按钮 ，如下图所示。

步骤 3：在打开的"曝光度"选项区中设置曝光度参数为 +1.0、"位移"为 +0.1、"灰度系数校正"为 0.8，如下图所示。

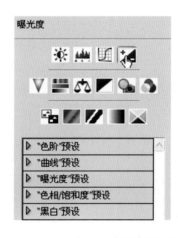

步骤 4：设置"曝光度"调整图层后，在图像窗口中可看到照片被提高了曝光度，人物被提亮。然后打开"调整"面板，打击"创建新的曲线调整图层"按钮 ，新建曲线调整图层，如右图所示。

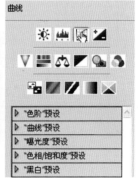

提示　在"调整"面板下方单击"返回到调整列表"按钮 ，就可回到"调整"面板首页列表，在列表中单击相应按钮即可创建新的调整图层。

步骤 5：在打开的"曲线"选项区中使用鼠标在直线上单击添加点并向上拖曳设置"输出"为 198、"输入"为 173，如下图所示。

步骤 6：使用鼠标在曲线左侧单击添加一个点并向下拖曳设置"输出"为 33、"输入"为 48，如下图所示。

步骤 7：设置"曲线"调整图层后，回到图像窗口中可看到照片中的明暗对比被进一步增强了，效果如下图所示。

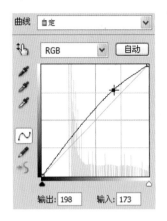 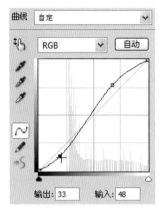 

步骤 8：按下快捷键 Shift+Ctrl+Alt+E，盖印图层得到"图层 1"，打开"图层"面板可看到盖印的图层效果，如下图所示。

步骤 9：选择"减淡工具"  后在其选项栏中设置"画笔大小"为 300px、"范围"为"中间调"、"曝光度"为 5%，然后使用该工具在人物偏暗的面部涂抹，从而提高皮肤亮度，如下图所示。

步骤 10：使用"减淡工具"继续在图像中人物手臂偏暗位置进行涂抹，提高其亮度，让照片中的人物更为突出，效果如右图所示。

提示

"盖印图层"功能是通过按下快捷键 Shift+Ctrl+Alt+E 来执行，可将当前图像中的所有图层效果合并到一起，并生成一个新图层，显示在选中图层的上方。

20.2.4　遮盖照片中的日期

在相机中设置了显示拍摄日期后，拍出的照片中就会显示一行日期，有的日期会破坏照片的整体感觉，成为多余的部分。利用 Photoshop 中的"修补工具"，可将日期区域以照片中的其他图像部分来进行遮盖，从而达到去除日期的目的，具体操作步骤如下。

素材文件：随书光盘\素材\第 20 章\04.jpg　　最终文件：随书光盘\源文件\第 20 章\遮盖照片中的日期.psd

步骤 1：打开随书光盘\素材\第 20 章\04.jpg 文件，打开素材后在"图层"面板中复制"背景"图层，得到"背景副本"图层，如下图所示。

步骤 2：在工具箱中选择"修补工具" 🖌，按下快捷键 Ctrl++放大图像，使用该工具在日期上单击并拖曳创建选区，如下图所示。

步骤 3：使用"修补工具" 🖌 在创建的选区内单击并向上拖曳到没有日期的花瓣区域，如下图所示。

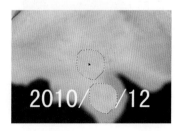

步骤 4：释放鼠标后，可看到选区内的日期已被花瓣区域图像所遮盖，从而去除了选区内的日期效果，如下图所示。

步骤 5：使用"修补工具"在图像中的日期上继续裁剪选区，然后将选区拖曳到花瓣图像上，遮盖日期，效果如下图所示。

步骤 6：利用"修补工具"修补图像中的日期，即可恢复照片中拍摄花卉的完整性。修补完成的效果如下图所示。

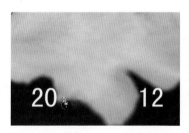

数码单反摄影 从入门到精通

20.3 照片的修饰与美化

为了让拍摄的照片效果更加完美且充满艺术性，可在后期处理中对其进行修饰与美化处理，制作出相机拍摄难以达到的照片效果。这里展示了设置对比强烈的经典黑白照、处理灰蒙蒙风景照片令其变得明艳动人、去除人像照片中的瑕疵、打造出特殊色调的效果以及处理浪漫婚纱照等后期处理案例。

20.3.1 设置黑白颜色效果

黑白色是永恒的经典颜色，黑白色的照片可以表现更为浓郁的艺术氛围，这里在 Photoshop 中制作的黑白颜色效果主要过程为复制颜色通道图像，将其叠加到图像中增强图像的对比度，通过降低颜色饱和度去除彩色，然后再利用曲线调整修饰黑白色，具体操作步骤如下。

素材文件：随书光盘\素材\第 20 章\05.jpg　　最终文件：随书光盘\源文件\第 20 章\设置黑白颜色效果.psd

步骤 1：执行 "文件" → "打开" 菜单命令，打开随书光盘\素材\第 20 章\05.jpg 文件，打开的人像照片效果如下图所示。

步骤 2：打开 "通道" 面板，在面板中单击 "红" 通道选中该颜色通道，并自动隐藏其他颜色通道，如下图所示。

步骤 3：在图像窗口中可看到 "红" 通道中的黑白图像效果，按下快捷键 Ctrl+A、Ctrl+C，全选并复制图像，如下图所示。

312

步骤 4：在"通道"面板中单击 RGB 通道，可看到其他被隐藏的通道，如下图所示。

步骤 5：按下快捷键 Ctrl+V，粘贴步骤 3 中复制的"红"通道中的图像，得到"图层 1"，并在"图层"面板中设置该图层的图层混合模式为"叠加"。

步骤 6：设置图层混合模式后，在图像窗口中可看到图像被增强了明暗对比，高光部分变得更强了，效果如下图所示。

步骤 7：打开"调整"面板，在面板中单击"创建新的色相/饱和度调整图层"按钮，如下图所示。

步骤 8：在打开的"色相/饱和度"选项区中将"饱和度"选项参数设置为 -100，如下图所示。

步骤 9：在图像窗口中可看到应用"色相/饱和度"调整图层后去除照片颜色的黑白图像，如下图所示。

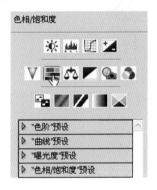

步骤 10：创建一个"曲线"调整图层，在打开的设置选项区中参照下图所示设置调整曲线的弯曲弧度。

步骤 11：在图像窗口中可看到应用"曲线"调整图层后，照片的亮度变得更强烈了，效果如下图所示。

步骤 12：选择"画笔工具"，在其选项栏中打开"画笔预设"拾取器，选择柔角画笔，设置其大小为 500px。

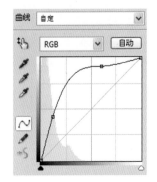

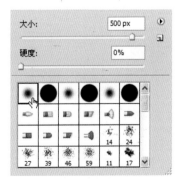

步骤 13：设置前景色为黑色，在"画笔工具" 选项栏中设置"不透明度"为 50%，使用该工具在图像中人物面部进行涂抹，利用调整图层蒙版，隐藏被涂抹区域的变亮效果。

步骤 14：使用"画笔工具"继续在图像中背景区域和人物皮肤较亮的部分进行涂抹，利用调整图层蒙版遮盖变亮效果，如下图所示。

步骤 15：利用"画笔工具"编辑调整图层蒙版后，可看到图像中的人物细节部分也被展现出来了，效果如下图所示。

步骤 16：在"图层"面板中可看到"曲线 1"图像中的蒙版缩览图以黑白显示，黑色即为隐藏区域，如下图所示。

步骤 17：创建一个"亮度/对比度"调整图层，在打开的选项区中设置"对比度"参数为 100，如下图所示。

步骤 18：提高图像对比度后，图像黑白对比被加强。使用黑色"画笔工具" 在人物面部皮肤较亮区域进行涂抹，隐藏强对比度效果。编辑完成后，就得到一幅经典的黑白色照片，如右图所示。

提示

图层蒙版可以调整图层的遮盖与显示区域，在创建的调整图层后都自带一个图层蒙版，在蒙版中填充的黑色区域即为隐藏部分、白色为显示部分、介于黑色与白色之间的灰色为半透明显示。

20.3.2　处理灰蒙蒙的照片

　　灰蒙蒙的照片往往带给人阴霾的感觉，不能给人视觉上的美感，在 Photoshop 中处理时可通过提高亮度/对比度去掉照片的灰蒙蒙效果。本实例中利用可选颜色针对某个颜色进行调整，提高照片中各颜色的饱和度，从而得到了一幅对比强烈、色彩鲜明的风景照片。

素材文件：随书光盘\素材\第 20 章\06.jpg　　最终文件：随书光盘\源文件\第 20 章\处理灰蒙蒙的照片.psd

　　步骤 1：打开随书光盘\素材\第 20 章\06.jpg 文件，在"调整"面板中单击"创建新的亮度/对比度调整图层"按钮，如下图所示。

　　步骤 2：在打开的"亮度/对比度"选项区中设置"亮度"参数为 26、"对比度"参数"为 46，如下图所示。

　　步骤 3：设置调整图层后，在图像窗口中可看到图像应用调整图层后提高了亮度与对比度，去掉了灰蒙蒙的效果，如下图所示。

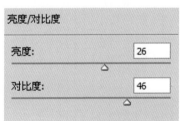

　　步骤 4：在"调整"面板中创建一个"可选颜色"调整图层，在打开的设置选项区中为"红色"设置各个颜色选项参数依次为 -100%、+100%、+100%、-60%，设置后单击"颜色"选项下拉按钮，在打开的下拉列表中选择"绿色"选项，如右图所示。

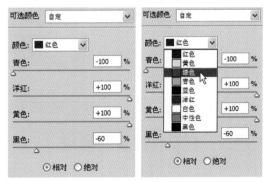

　　步骤 5：为选择的"绿色"设置各个颜色选项参数依次为 +100%、0、0、-100%，如下图所示。

　　步骤 6：设置"颜色"为"中性色"，然后设置下方各个颜色选项参数依次为 +30%、+5%、+15%、-10%。

　　步骤 7：设置可选颜色后，在图像窗口中可看到照片中的绿色调被增强了，效果如下图所示。

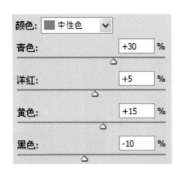

步骤 8：选择"画笔工具"，设置其前景色为黑色后，使用该工具在图像中顶峰区域进行涂抹，隐藏可选颜色调整图层效果，如下图所示。

步骤 9：在"调整"面板中创建一个"自然饱和度"调整图层，在打开的设置选项区中设置"自然饱和度"参数为100，如下图所示。

步骤 10：设置自然饱和度后，在图像窗口中可看到提高了颜色饱和度的效果，此时的图像色彩变得鲜明了，如下图所示。

步骤 11：创建一个"曲线"调整图层，在打开的曲线中使用鼠标拖曳将其调整为 S 形态，曲线效果如下图所示。

步骤 12：选择"画笔工具"在图像中山峰部分涂抹黑色，遮盖曲线调整图层效果，如下图所示。

步骤 13：编辑完成后，在图像窗口中可看到图像被调整为一幅对比强烈的明艳风景照，完成效果如下图所示。

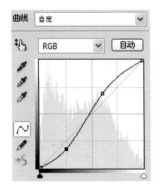

20.3.3　去除人物皮肤瑕疵

本案例的人像照片因人物的皮肤影响了照片效果，这里在处理时通过快速蒙版扣取人物皮肤区域，设置图层混合模式达到提亮皮肤的效果，再利用修复工具去除人物面部皮肤上的痘印和斑点，然后对皮肤颜色进行校正，制作出皮肤白皙细腻的人像效果，具体操作步骤如下。

素材文件：随书光盘\素材\第 20 章\07.jpg　　　最终文件：随书光盘\源文件\第 20 章\去除人物皮肤瑕疵.psd

步骤 1：打开随书光盘\素材\第 20 章\07.jpg 文件，在工具箱中单击"进入快速蒙版模式编辑"按钮，如下图所示。

步骤 2：使用"画笔工具" 在人物皮肤区域进行涂抹，被涂抹区域以红色半透明蒙版显示，如下图所示。

步骤 3：在工具箱中单击"以标准模式编辑"按钮，退出快速蒙版，可看到蒙版以外的区域被创建为选区。

步骤 4：执行"选择"→"反向"菜单命令，或按下快捷键 Shift+Ctrl+I，反向选区，将皮肤区域创建到选区内。然后按下快捷键 Ctrl+J，通过复制图层，将选区内的皮肤区域复制到"图层 1"中。反向选区以及复制选区图像效果如右图所示。

步骤 5：在"图层"面板中设置"图层 1"图层混合模式为"滤色"，"不透明度"为70%，如下图所示。

步骤 6：设置图层混合模式后，在图像窗口中可看到皮肤区域被去除了暗沉效果，如下图所示。

步骤 7：选择"污点修复画笔工具" ，在其选项栏中打开"画笔预设"拾取器，设置大小为 30px，如下图所示。

步骤 8：按下快捷键 Shift+Ctrl+Alt+T，盖印图层，得到"图层 2"。使用"污点修复画笔工具"在人物面部有斑点的位置单击，即可对其修复。

步骤 9：按下快捷键 Ctrl++，放大图像。使用"污点修复画笔工具"继续在人物面部有瑕疵的地方进行单击，去除污点后的效果如下图所示。

步骤 10：创建一个"色彩平衡"调整图层，在打开的设置选项区中为"中间调"设置各颜色参数依次为-30、-12、+15，如下图所示。

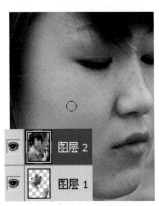

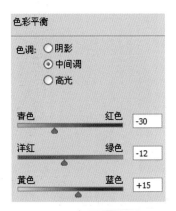

步骤 11：在"色彩平衡"设置选项区中设置"色调"为"高光"，然后在下方各个颜色的滑块上单击并向左拖曳，都拖曳到-9位置。设置"色彩平衡"调整图层选项后，在图像窗口中可看到图像去除了黄色调，整体色调变得清新了，效果如右图所示。

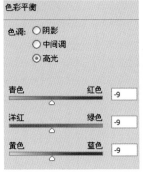

步骤 12：创建一个"曲线"调整图层，在打开的曲线设置选项区中使用鼠标在直线上单击并向上拖曳设置"输出"为172、"输入"为154。

步骤 13：使用鼠标在曲线下方位置单击添加一个点，并向上拖曳点，设置"输出"为48、"输入"为33，调整曲线后的效果如下图所示。

步骤 14：设置曲线后，在图像窗口中可看到图像被应用了调整图层效果，人像提高了亮度，效果如下图所示。

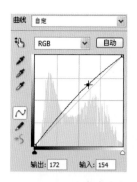

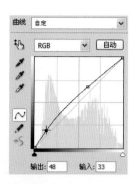

步骤 15：设置前景色为黑色，使用"画笔工具"在图像中人物以外的背景区域进行涂抹，隐藏"曲线"调整图层效果，如下图所示。

步骤 16：在"调整"面板中单击"创建新的自然饱和度调整图层"按钮 ▽，在打开的选项区中设置"自然饱和度参数"为+80，如下图所示。

步骤 17：设置自然饱和度选项后，回到图像窗口中可看到人物图像中的色彩饱和度被增强了，效果如下图所示。

步骤 18：在"调整"面板中单击"创建新的亮度/对比度调整图层"按钮，新建一个"亮度/对比度"调整图层。在打开的选项区中设置"对比度"选项参数为 35。设置完成后回到图像窗口中可看到图像增强了对比度，使得原本暗沉的人物被提亮了，皮肤被调整得白皙、细腻，完成后的效果如右图所示。

20.3.4　制作照片的怀旧效果

旧照片效果可以让照片表现一种岁月的沉淀感，带给人怀旧气息，在本实例中利用"裁剪工具"对照片的角度进行校正，利用色相/饱和度的着色功能，将照片转换为黄色单色调效果，然后利用纤维、添加杂色滤镜为照片添加上旧照片的痕迹和杂点效果，增强旧照片的质感让效果更逼真，具体操作步骤如下。

素材文件：随书光盘\素材\第 20 章\08.jpg　　最终文件：随书光盘\源文件\第 20 章\制作照片的怀旧效果.psd

步骤 1：执行"文件"→"打开"菜单命令，打开随书光盘\素材\第 20 章\08.jpg 文件，打开的人像照片效果如下图所示。

步骤 2：选择"裁剪工具"后，在图像中拖曳创建裁剪区域，然后使用鼠标在裁剪框边缘位置单击并拖曳，旋转裁剪框，如下图所示。

步骤 3：编辑裁剪框后，按下 Enter 键确认裁剪，可看到裁剪框区域以外的部分被去除。旋转照片角度摆正建筑物，如下图所示。

步骤 4：创建一个"色相/饱和度"调整图层，在打开的选项区中勾选"着色"复选框，然后设置选项参数依次为50、25、+15，如下图所示。

步骤 5：设置调整图层后，在图像窗口中可查看效果，图像被更改颜色单一的黄色调，如下图所示。

步骤 6：新建空白图层"图层 1"，设置其前景色为黄色 R197、G178、B92。然后使用"画笔工具"在天空和建筑物区域进行涂抹，填充颜色。

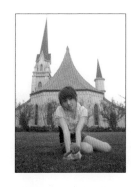

步骤 7：设置"图层 1"的图层混合模式为"正片叠底"，"不透明度"为 70%。

步骤 8：设置图层混合模式后，可看到为天空区域填充了黄色效果。

步骤 9：创建一个"亮度/对比度"调整图层，设置"对比度"为 75，如下图所示。

步骤 10：设置对比度后，在图像窗口中可查看图像整体对比度被增强的效果，如下图所示。

步骤 11：按下键盘 D 键，恢复默认的前、背景颜色，在"图层"面板中再新建"图层 2"，并为该图层填充白色。

步骤 12：执行"滤镜"→"渲染"→"纤维"菜单命令，在打开的对话框中设置"差异"为 4、"强度"为 10，如下图所示。

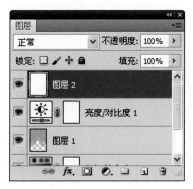

步骤 13：设置纤维滤镜后，在"图层"面板中设置"图层 2"的图层混合模式为"正片叠底"，"不透明度"为 50%，如下图所示。

步骤 14：设置图层混合模式后，在图层窗口中可看到在图像上添加了竖向的黑色痕迹效果，如下图所示。

步骤 15：为"图层 2"创建图层蒙版，选择"画笔工具"，在图像中背景痕迹较深的区域进行涂抹，利用图层蒙版隐藏痕迹效果。

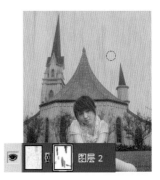

步骤 16：盖印图层得到"图层 3"。执行"滤镜"→"杂色"→"添加杂色"菜单命令，在打开的对话框中参照下图所示对选项进行设置。

步骤 17：设置添加杂色滤镜后，在图像窗口中可看到在人像上添加了颗粒效果的杂点，如下图所示。

步骤 18：在"调整"面板中创建一个"色阶"调整图层，在打开的选项中拖曳滑块位置依次到 70、0.42、255，如下图所示。

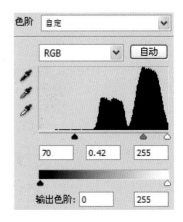

步骤 19：设置色阶调整图层选项后，在图像窗口中可看到图像降低了中间调和暗调。选择"画笔工具" [✎]并按下快捷键[]放大画笔，在图像中间位置继续单击或涂抹，利用调整图层的蒙版隐藏中间区域的暗调效果，只保留边角上的暗调区域，制作出暗角效果。怀旧照片的最终效果如右图所示。

20.3.5 自由变换风景照片的季节

不同季节下的风景可展现给人们不同的感觉，在后期处理时可以更改风景照片的色调使其展现为另一个季节的风景效果。本实例中利用色相/饱和度、可选颜色等调整命令更改照片中的植物色调为绿色，将照片更换为春季生机盎然的效果，具体操作步骤如下。

素材文件：随书光盘\素材\第 20 章\09.jpg　最终文件：随书光盘\源文件\第 20 章\自由变换风景照片的季节.psd

步骤 1：打开随书光盘/素材/第 20 章\09.jpg 文件，在"图层"面板中复制一个"背景"图层，得到"背景副本"图层。

步骤 2：设置复制图层的图层混合模式为"滤色"，之后可看到照片增强了亮度，效果如下图所示。

步骤 3：在"调整"面板中单击"创建新的色相/饱和度调整图层"按钮，如下图所示。

步骤 4：在打开的选项区中单击下拉按钮，在弹出的下拉列表中选择"红色"选项。

步骤 5：为选择的"红色"设置"色相"选项参数为 +75，如下图所示。

步骤 6：设置色相/饱和度调整图层选项后，在图像窗口中可看到照片中的红色调植物更改为绿色，效果如下图所示。

步骤 7：创建一个"可选颜色"调整图层，在打开的选项区中为"红色"设置选项参数依次为+100、0、−100、+100，然后在"颜色"下拉列表中，选择"黄色"选项，如下图所示。

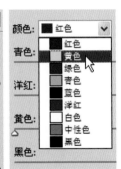

步骤 8：选择"黄色"选项后，在下方选项中依次设置参数为+57、0、+100、0，如下图所示。

步骤 9：设置可选颜色调整图层选项后，可看到图像中的红色调、黄色调都被减淡，增强了绿色，如下图所示。

步骤 10：创建一个"色彩平衡"调整图层，在打开的选项区中选择"阴影"单选按钮，设置各颜色参数为-69、+61、-22。

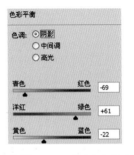

步骤 11：设置"色调"为"高光"，然后在下方的颜色选项区中设置参数依次为+13、+2、-15，如下图所示。

步骤 12：设置色彩平衡选项后，在图像窗口中可看到图像整体色调被更改为绿色，效果如下图所示。

步骤 13：选择"画笔工具"，在其选项栏中打开"画笔预设"拾取器，选择柔角画笔，设置其大小为500px。

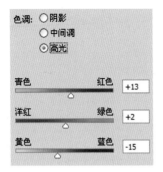

步骤 14：设置前景色为黑色，使用"画笔工具"在图像下半部分进行涂抹，隐藏色彩平衡效果，如下图所示。

步骤 15：创建一个"曲线"调整图层，在打开的设置选项区中使用鼠标单击添加两个点并向上拖曳调整曲线，如下图所示。

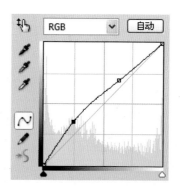

步骤 16：设置曲线调整图层选项后，在图像窗口中可看到图像被提高了亮度，细节部分都展现得很清晰，效果如下图所示。

步骤 17：创建一个"亮度/对比度"调整图层，在打开的选项区中设置"对比度"参数为 100，可看图像增强了对比效果，如下图所示。

步骤 18：按下 D 键，恢复前景、背景默认颜色，选择"渐变工具"，在图像中河流下方单击并斜向上拖曳，应用白色到黑色渐变，如下图所示。

步骤 19：编辑调整图层蒙版后，可看到河流以上部分的强对比度效果被隐藏。制作出的春季绿色调的风景照效果如下图所示。

20.3.6　制作 LOMO 风格的照片效果

　　本实例中的照片在色彩浓郁的光线下人物被衬托得魅力十足，暗角的添加让主体人物在画面中更显突出。这里利用模糊滤镜将人物背景虚化，利用色彩平衡调整命令更改照片色调，再通过镜头校正滤镜添加晕影效果，制作出 LOMO 风格的人像照片，具体操作步骤如下。

素材文件：随书光盘\素材\第 20 章\10.jpg　　最终文件：随书光盘\源文件\第 20 章\制作 LOMO 风格照片效果.psd

步骤 1：打开随书光盘\素材\第 20 章\10.jpg 文件，在"图层"面板中复制"背景"图层，得到"背景副本"图层。

步骤 2：执行"滤镜"→"模糊"→"高斯模糊"菜单命令，在打开的"高斯模糊"对话框中设置"半径"为 13 像素。

步骤 3：设置高斯模糊后，在图像窗口中可看到照片被模糊虚化的效果，如下图所示。

步骤 4：在"图层"面板下单击"创建新的图层蒙版"按钮　，为"背景副本"图层添加一个图层蒙版，设置其前景色为黑色。选择"画笔工具"　并在其选项栏中设置"不透明度"为 50%。然后使用该工具在画面中的人物上进行涂抹，隐藏人物的模糊效果，只保留背景模糊效果，如右图所示。

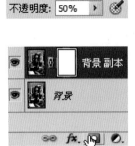

步骤 5：创建一个"色彩平衡"调整图层，在打开的设置选项区中设置参数依次为+33、+17、-30，如下图所示。

步骤 6：设置"色调"为"高光"，然后在下方各颜色选项区中设置参数依次为+20、0、-17，如下图所示。

步骤 7：设置色彩平衡调整图层选项后，在图像窗口中可看到当前照片色调为橙色，如下图所示。

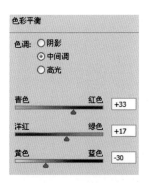

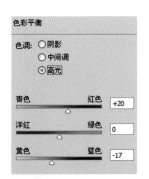

步骤 8：创建一个"自然饱和度"调整图层，在打开的选项区中设置"自然饱和度"参数为 100，如下图所示。

步骤 9：设置自然饱和度后，在图像窗口中可看到增强了色彩饱和度的效果，如下图所示。

步骤 10：按下快捷键 Shift+Ctrl+Alt+E，盖印图层，得到"图层 1"，如下图所示。

步骤 11：执行"滤镜"→"镜头校正"菜单命令，在打开的"镜头校正"对话框右侧切换至"自定"选项卡，显示自定设置选项，如下图所示。

步骤 12：在"自定"选项区中设置"晕影"数量为−100、"中点"为+15，设置后在右侧预览框中可看到设置晕影的效果，然后确认设置。

步骤 13：在"调整"面板中单击"创建新的亮度/对比度调整图层"按钮，新建调整图层，如下图所示。

步骤 14：在打开的"亮度/对比度"选项区中设置"对比度"参数为 46，如下图所示。

步骤 15：设置亮度/对比度调整图层后，可看到图像提高对比度的效果，如下图所示。

步骤 16：选择"椭圆选框工具" ，在其选项栏中设置"羽化"参数为 100px，然后使用该工具在图像中人物中间位置拖曳创建一个椭圆选区，如下图所示。

步骤 17：在"图层"面板中，新建空白图层"图层 2"，然后为选区填充白色，填色效果如下图所示。然后按下快捷键 Ctrl+D，取消选区。

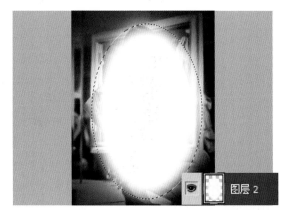

步骤 18：在"图层"面板中设置"图层 2"的图层混合模式为"柔光"，"不透明度"选项参数为 50%。之后，可看到白色椭圆区域叠加到人物上，让人物部分显得更亮，与背景暗调形成更为强烈的对比效果。完成的 LOMO 风格照片效果如右图所示。

20.3.7 制作宝丽来风格的照片效果

平常拍摄的儿童照片可通过后期处理时对照片的构图、色调进行更改，制作出宝丽来风格的照片效果。本实例中在操作时通过裁剪照片来更改构图，再编辑颜色通道来更改照片色调，然后扩大照片边缘制作出边框效果，具体操作步骤如下。

素材文件：随书光盘\素材\第 20 章\11.jpg　最终文件：随书光盘\源文件\第 20 章\制作宝丽来风格照片效果.psd

步骤 1：打开随书光盘\素材\第 20 章\11.jpg 文件，选择"裁剪工具"在照片中拖曳创建裁剪区域，创建裁剪区域如下图所示。

步骤 2：确认裁剪后可看到照片被裁剪为方形效果，然后在"图层"面板中复制一个"背景"图层，得到"背景副本"图层，如下图所示。

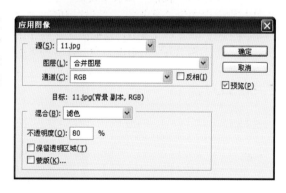

步骤 3：对复制的图像执行"图像"→"应用图像"菜单命令，在打开的"应用图像"对话框中设置"混合"选项参数为"滤色"，"不透明度"选项参数为 80%。然后单击"确定"按钮，确认设置，对话框选项设置如右图所示。

步骤 4：设置应用图像后，在图像窗口中可看到人物图像变亮，效果如下图所示。

步骤 5：打开"通道"面板，在面板中单击选中"蓝"通道，隐藏其他颜色通道，如下图所示。

步骤 6：设置前景色为灰色，RGB 值都为 122，为选中通道填充前景灰色，如下图所示。

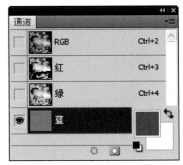

步骤 7：单击 RGB 通道显示所有颜色通道，回到图像窗口中可看到照片颜色被更改了，效果如下图所示。

步骤 8：创建一个"色相/饱和度"调整图层，在打开的选项区中设置"饱和度"参数为+25，如下图所示。

步骤 9：选择颜色为"黄色"，然后设置"饱和度"参数为−30、"明度"选项参数为+40，如下图所示。

步骤 10：在"色相/饱和度"选项区中继续设置颜色为"绿色"，在下方设置"饱和度"选项参数为+20，如下图所示。

步骤 11：设置色相/饱和度调整图层选项后，在图像窗口中可看到图中的黄色点被减淡，产生了怀旧感的色调，效果如下图所示。

步骤 12：使用"裁剪工具"在图像窗口中创建一个与图像相同大小的裁剪框，然后按住 Shift+Alt 键的同时使用鼠标向外拖曳扩大裁剪框。

步骤 13：使用鼠标在裁剪框下方边框上单击并向下拖曳，垂直拉长裁剪框，如下图所示。

步骤 14：确认裁剪后，在图像窗口中可看到图像以外的区域填充了默认的背景白色，如下图所示。

步骤 15：使用"魔棒工具"将白色边框区域单击创建为选区，新建"图层1"，将选区填充为黄色（R241、G238、B217）。

步骤 16：取消选区后，创建一个"色阶"调整图层，在打开的选项区中参照下图所示进行参数设置。

步骤 17：图像应用"色阶"调整图层后的效果如下图所示。

步骤 18：选择"横排文字工具" T，在"字符"面板参照下图所示对字体、字体大小、颜色等选项进行设置。

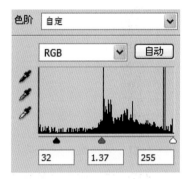

步骤 19：使用"文字工具"在图像下方位置单击输入文字，如下图所示。

步骤 20：按下快捷键 Ctrl+T，使用变换编辑框对文字进行旋转变换。

步骤 21：最后可在文字后添加上可爱的图案，增强画面效果。最终效果如下图所示。

20.3.8　制作浪漫婚纱照的封面

在处理婚纱照片时可以根据自己的喜好设计不一样的婚纱照封面效果。在本实例中将照片进行裁剪后利用调整图层更改照片色调，调出明亮的蓝色调效果，之后通过填充颜色为照片添加单色背景从而承托主体人物，最终制作出浪漫的婚纱照效果，具体操作步骤如下。

素材文件：随书光盘\素材\第 20 章\12.jpg　　　最终文件：随书光盘\源文件\第 20 章\制作浪漫婚纱照的封面.psd

步骤 1：打开随书光盘\素材\第 20 章\11.jpg 文件，选择"裁剪工具" 在打开照片中拖曳创建裁剪区域，

步骤 2：确认裁剪设置后，可看到图像去掉了上方的树木部分，效果如下图所示。

步骤 3：创建一个色彩平衡调整图层，在打开的选项区中设置各颜色选项参数依次为 −55、−35、+25，如下图所示。

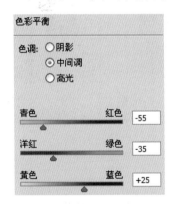

步骤 4：设置"色调"为"高光"，然后在下方设置各颜色选项参数依次为 −22、−16、−23。设置完成后，回到图像窗口中可看到图像被更改了色调，变为了蓝色调效果，如右图所示。

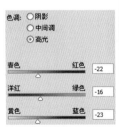

步骤 5：创建一个"色阶"调整图层，在打开的色阶选项区中参照下图所示设置参数。

步骤 6：设置完色阶选项后，可看到图像被提高了亮度的效果，如下图所示。

步骤 7：设置前景色为黑色，使用"画笔工具"在图中人物以外的背景区域进行涂抹，利用蒙版隐藏色阶效果。

步骤 8：盖印图层得到"图层 1"，选择"海绵工具"在其选项栏中设置模式为"饱和"，"流量"为 10%，在人物上进行涂抹，增强色彩饱和度。

步骤 9：选择"矩形选框工具"，在图像中人物上拖曳创建一个矩形选区，选区效果如下图所示。

步骤 10：执行"选择"→"反向"菜单命令，反向选区。新建"图层 2"，为选区填充白色，填色效果如下图所示。

步骤 11：新建空白图层"图层 3"，然后为选区填充蓝色（R191、R208、B250）。

步骤 12：为选区填充的蓝色效果如下图所示，然后按下快捷键 Ctrl+D，取消选区。

步骤 13：设置"图层 2"的"不透明度"为 80%，"图层 3"的图层混合模式为"颜色"。设置后图像效果如下图所示。

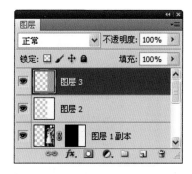

步骤 14：在"图层"面板中将"图层 1"拖曳到"创建新图层"按钮上，复制该图层，得到"图层 1 副本"。

步骤 15：使用"移动工具"在复制图像上单击并向右水平拖曳移动图像，移动效果如下图所示。

步骤 16：使用"矩形选框工具"在图像右侧半透明区域拖曳创建矩形选区，选区效果如下图所示。

步骤 17：在"图层"面板中单击"添加图层蒙版"按钮，为"图层 1 副本"创建图层蒙版，如下图所示。

步骤 18：创建图层蒙版后，在图像窗口中可看到选区以外的该图层图像被隐藏，效果如下图所示。

步骤 19：创建一个"色相/饱和度"调整图层，选择"洋红"颜色，设置"色相"为+18，可看到调整后的洋红色效果。

步骤 20：盖印图层，得到"图层 4"。执行"滤镜"→"模糊"→"高斯模糊"菜单命令，在打开的对话框中设置"半径"为 25 像素，如下图所示。

步骤 21：设置模糊滤镜后，在"图层"面板中设置"图层 4"的图层混合模式为"柔光"，图像被调整得更加柔和，效果如下图所示。

步骤 22：根据照片内容添加上喜欢的文字，丰富画面内容。完成后的浪漫婚纱照效果如下图所示。

20.3.9　多张照片的合成与拼接

对于一些美丽的风景难以用有限的相机镜头完全展现，这时可以在将风景连续拍摄多张相关联的照片，然后在 Photoshop CS5 中利用 Photomerge 功能，将多张风景照片合成在一起，拼接出宽幅的全景照片效果，具体操作步骤如下。

素材文件：随书光盘\素材\第 20 章\13、14、15.jpg

最终文件：随书光盘\源文件\第 20 章\多张照片的合成与拼接.psd

步骤 1：执行"文件"→"打开"菜单命令，同时打开随书光盘\素材\第 20 章\13.jpg ~ 15.jpg 个素材文件，打开的素材照片效果如下图所示。

步骤 2：执行"文件"→"自动"→ Photomerge 菜单命令，打开 Photomerge 对话框，单击"添加打开的文件"按钮，在"源文件"选项区中显示了选择的 13、14、15.jpg 文件，如下图所示。

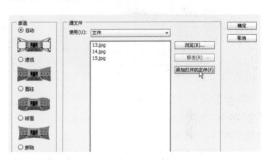

步骤 3：确认 Photomerge 设置后，在图像窗口中可看到自动对这 3 个文件进行合成拼接，组合成一个新的全景图效果。然后使用"裁剪工具"创建裁剪框去掉边缘不整齐部分。

步骤 4：完成裁剪设置后，在图像窗口中可看到打开的 3 个文件中的风景被合成到了一个图像中，组合完成全景照片，风景得以完整展现，效果如下图所示。

附录　镜头列表

Nikon 镜头：APS-C 画幅镜头推荐

具有比普通标准变焦镜头更广的视角

尼康 AF-S DX VR NIKKOR 16-85mm F/3.5-5.6G ED

镜头类型：标准变焦镜头	最近对焦距离：0.38m
镜头结构：11 组 17 枚	滤镜尺寸：67mm
光圈叶片数：7 片	视角范围：83°~18°50'

第 2 支镜头

镜头类型：标准变焦镜头
镜头结构：5 组 7 枚
光圈叶片数：7 片
最近对焦距离：0.28m
滤镜尺寸：52mm
视角范围：76°~28°50'

尼康 AF-S DX NIKKOR 18-55mm F/3.5-5.6G ED Ⅱ

入门级镜头中同样加入了 ED 低色散镜片，及 SWM 宁静波动马达

第 3 支镜头

尼康 AF-S DX VR NIKKOR 55-200mm F/4-5.6G IF-ED

镜头类型：长焦变焦镜头	最近对焦距离：1.1m
镜头结构：11 组 15 枚	滤镜尺寸：52mm
光圈叶片数：7 片	视角范围：28°50'~8°

在长焦镜头加入 VR 减震功能，为手持拍摄提供更多的保证

镜头类型：标准变焦镜头　最近对焦距离：0.36m
镜头结构：10 组 14 枚　滤镜尺寸：77mm
光圈叶片数：9 片　视角范围：28°~79°

第 4 支镜头

尼康 AF-S DX 17-55mm F/2.8G IF-ED

采用大光圈同样可以为手持相机减震；使用在 APS 画幅的相机上，可兼顾拍摄风景、人像照片

第 5 支镜头

尼康 AF-S DX NIKKOR 10-24mm F/3.5-4.5G ED

镜头类型：超广角变焦镜头	最近对焦距离：0.24m
镜头结构：9 组 14 枚	滤镜尺寸：77mm
光圈叶片数：7 片	视角范围：109°~61°

尼康 APS-C 画幅变焦范围最广的超广角镜头

镜头类型：微距镜头　最近对焦距离：0.185m
镜头结构：9 组 12 枚　滤镜尺寸：62mm
光圈叶片数：9 片　视角范围：APS-C 26°30'；全画幅 39°40'

第 6 支镜头

尼康 AF-S NIKKOR 60mm F/2.8G ED MICRO

进行数码优化的微距镜头，成像更有保证

Nikon 镜头：35mm 全画幅镜头推荐

第 1 支镜头

视角范围："84°~20°20'
滤镜尺寸："77mm
最近对焦距离："0.45m
光圈叶片数："7 片
镜头结构："13 组 17 片
镜头类型："标准变焦镜头

这款镜头较 AF-S 24-85mm f/3.5-4.5G、AF-S 24-120mm f/3.5-5.6G 全画幅变焦镜头得到 F4.0 恒定光圈的提升；又比 AF 28-105mm f/3.5-4.5D、AF 24-85mm f/2.8-4D 增加了全新的数码优化设计；价格也较 24-70mm F2.8G 便宜的多

尼康 AF-S VR NIKKOR 24-120mm F/4G ED

提供了更好的保证
VR 减震功能，这为长焦镜头手持
在同级别镜头中唯一一款加入了

镜头类型：长焦变焦镜头
镜头结构：12 组 17 枚
光圈叶片数：9 片
最近对焦距离：1.5m
滤镜尺寸：67mm
视角范围：34°20'~8°10'

第 2 支镜头

尼康 AF-S VR NIKKOR 70-300mm F/4.5-5.6G IF-ED

第 3 支镜头

镜头类型：超广角变焦镜头
镜头结构：12 组 17 枚
光圈叶片数：9 片
最近对焦距离：0.28m
滤镜尺寸：77mm
视角范围：107°~63°

大降低了鬼影和眩光情况发生
高了约 4 档，相当于将快门速度提
机震动，内置 VR II 减震功能，可补偿相
最大光圈为 F4.0 的恒定光圈；
全画幅超广角变焦镜头中具有

尼康 AF-S VR NIKKOR 16-35mm F/4G ED

积、重量和价格都比较高
高规格的成像水准，不过体
焦设计，操作性优异；可谓最
采用 VR II 减震功能和 IF 内对

镜头类型：微距镜头
镜头结构：12 组 14 枚
光圈叶片数：9 片
最近对焦距离：0.31m
滤镜尺寸：62mm
视角范围：23°20'

第 4 支镜头

尼康 AF-S VR NIKKOR 105mm F/2.8G IF-ED MICRO

Canon 镜头：APS-C 画幅镜头推荐

第 1 支镜头

具有 APS-C 画幅标准变焦镜头最广的视角

佳能 EF-S 15-85mm F/3.5-5.6 IS USM

镜头类型：标准变焦镜头	最近对焦距离：0.35m
镜头结构：11 组 17 枚	滤镜尺寸：72mm
光圈叶片数：7 片	视角范围：83°30'~18°25'

第 2 支镜头

镜头类型：标准变焦镜头
镜头结构：9 组 11 枚
光圈叶片数：6 片
最近对焦距离：0.25m
滤镜尺寸：58mm
视角范围：74°20'~27°50'

佳能 EF-S 18-55mm f/3.5-5.6 IS

<u>紧凑轻便的 APS-C 画幅标准变焦镜头，搭载 IS 光学防抖，性价比极高</u>

第 3 支镜头

佳能 EF-S 55-250mm F/4-5.6 IS

镜头类型：长焦变焦镜头	最近对焦距离：1.1m
镜头结构：10 组 12 枚	滤镜尺寸：58mm
光圈叶片数：7 片	视角范围：27°50'~6°15'

<u>在 IS 光学防抖的作用下，轻松获得全画幅 400mm 的等效焦距</u>

<u>携带不费力的 APS-C 画幅专用大光圈标准镜头，可同时兼顾风景、人像照片的拍摄</u>

佳能 EF-S 17-55mm F/2.8 IS USM

镜头类型：标准变焦镜头	最近对焦距离：0.35m
镜头结构：12 组 19 枚	滤镜尺寸：77mm
光圈叶片数：7 片	视角范围：68.6°~23.2°

第 3 支镜头

佳能 EF-S 10-22mm F/3.5-4.5 USM

镜头类型：长焦变焦镜头	最近对焦距离：0.24m
镜头结构：10 组 14 枚	滤镜尺寸：77mm
光圈叶片数：6 片	视角范围：107°30'~63°30'

<u>佳能 APS-C 画幅最为宽广视角的超广角镜头；便携的体积和质量，手感也不错</u>

镜头类型：长焦变焦镜头	最近对焦距离：0.2m
镜头结构：8 组 12 枚	滤镜尺寸：52mm
光圈叶片数：7 片	视角范围：24°30'

第 4 支镜头

佳能 EF-S 60mm F/2.8 USM MACRO

<u>轻便的 APS-C 画幅专用中长焦微距镜头，体积及重量与 APS-C 画幅机型更匹配</u>

9

Canon 镜头：35mm 全画幅镜头推荐

第 1 支镜头

镜头类型：标准变焦镜头
镜头结构：13 组 18 枚
光圈叶片数：8 片
最近对焦距离：0.45m
滤镜尺寸：77mm
视角范围：84°~23°20'

搭载 IS 光学防抖组件"F4.0 的最大光圈可以在 24~105mm 全焦距下使用；可谓全画幅标准变焦镜头之中最佳选择

佳能 EF 24-105mm F/4L IS USM

第 2 支镜头

镜头类型：长焦变焦镜头
镜头结构：15 组 20 枚
光圈叶片数：8 片
最近对焦距离：1.2m
滤镜尺寸：67mm
视角范围：34°~12°

轻量紧凑的设计，便携性和手感都不错；是拥有 F4.0 恒定光圈和 IS 光学防抖功能的高性能镜头；并且具有出色的防尘防水滴性能；价格也比较合理

佳能 EF 70-200mm F/4L IS USM

第 3 支镜头

镜头类型：超广角变焦镜头
镜头结构：12 组 17 枚
光圈叶片数：9 片
最近对焦距离：0.28m
滤镜尺寸：77mm
视角范围：104°~57°30'

针对数码相机优化设计"F4.0 的恒定光圈和 3 枚非球面镜片和 1 枚 UD 超低色散镜片成像质量优秀；价格仅为 EF 16-35mm F2.8 的一半

佳能 EF 17-40mm F/4L USM

第 4 支镜头

镜头类型：微距镜头
镜头结构：12 组 15 枚
光圈叶片数：9 片
最近对焦距离：0.3m
滤镜尺寸：67mm
视角范围：24°

作为以具有良好口碑的 EF 100mm F2.8 USM 微距镜头的升级产品，加入了双重 IS 光学防抖组件，并包含了一枚对色像差有良好补偿效果的 UD 超低色散镜片；及优化的镜片位置和镀膜可以有效抑制鬼影和眩光的产生

佳能 EF 100mm F/2.8L IS USM MACRO

城堡乐园 【手动模式 光圈: F7.1 快门: 1/250s ISO: 100 焦距: 55mm】